D1826841

Leitlinien
der allgemeinen politischen Geographie

von

Dr. Alexander Supan

o. Professor der Geographie
an der Schlesischen Friedrich-Wilhelms-Universität

Mit 3 Kärtchen im Text

Leipzig ◉ Verlag von Veit & Comp. ◉ 1918

Druck von Metzger & Wittig in Leipzig.

Vorwort.

Das vorliegende Büchlein ist, obwohl politischen Inhalts und
während des Krieges entstanden, doch nichts weniger als eine Kriegs-
schrift. Sie ist vielmehr die Frucht der länderkundlichen Vorlesungen,
die ich seit meiner Berufung an die hiesige Universität in regelmäßigem
Turnus hielt, und ist hervorgegangen aus der Überzeugung, einerseits
daß die einseitige morphologische Entwicklung die Geographie ihrem
innersten Wesen immer mehr entfremde, anderseits daß die politische
Geographie, um ein Gegengewicht bieten zu können, auf neue Grundlagen gestellt werden müsse. Schon knapp vor Ausbruch des Krieges war
ich entschlossen, die mir am wichtigsten scheinenden Ergebnisse meiner
Beschäftigung mit der speziellen Geographie namentlich Europas systematisch zusammenzufassen. Der Krieg führte mir natürlich manche
neue Gesichtspunkte zu und bestärkte mich in der Überzeugung, daß
man in Zukunft der politischen Seite der Geographie unbedingt erhöhte
Aufmerksamkeit widmen müsse. Was ich jetzt geben kann, ist freilich
nur ein Gerippe; an weiteren Untersuchungen hat mich mein leidender
Zustand, der mich seit ein paar Jahren an die Krankenstube fesselt,
gehindert. Im wesentlichen ist das Büchlein aus dem Kopfe niedergeschrieben worden. Aber das, worauf es mir vor allem ankam, die
Leitlinien mit fester Hand zu ziehen, glaube ich erreicht zu haben.

Breslau, den 28. April 1918.

A. Supan.

Inhalt.

Kärtchen im Text.

Wesen und Aufgabe der politischen Geographie.

Verhältnis zu den Staatswissenschaften. Der Gegenstand der politischen Geographie ist der Staat als eine Menschenvereinigung innerhalb festgelegter Grenzen, die an ein bestimmtes Stück der Erdoberfläche gebunden ist, oder mit anderen Worten als ein Teil des menschenerfüllten irdischen Allraums. Nur als ein solches Naturwesen unterliegt er der geographischen Betrachtungsweise; wir können daher die politische Geographie definieren als die Lehre von den natürlichen Grundlagen des Staates.

Diese Betrachtungsweise erschöpft aber nur eine Seite jener Erscheinungsform, die wir Staat nennen. Eine zweite können wir als die legislative (innerpolitische) bezeichnen, weil sie alles umfaßt, was im Staatsleben auf der Gesetzgebung im weitesten Sinne des Wortes beruht, also die Verfassung und den sich immer weiter ausdehnenden Kreis der Verwaltung, deren einzelne Zweige in den modernen Staaten durch die verschiedenen Ministerien repräsentiert werden. Die dritte Seite ist die außenpolitische (diplomatische, internationale); hier wird der Staat nicht mehr in Teile zerlegt, sondern erscheint als eine geschlossene Einheit, als ein Individuum in seinen Beziehungen zu andern Individuen der gleichen Art, im Bund oder im Wettbewerb oder im Widerstreit mit ihnen.

Der Staat ist also eine höchst komplizierte Erscheinungsform, die von drei Seiten betrachtet werden kann und auf jeder ein anderes Bild zeigt.

Man umgeht diese Vielseitigkeit, wenn man den Staat als einen Organismus auffaßt. Diese Theorie[1] reicht schon bis ins griechische Altertum zurück und wurzelt in dem Satze, daß das Ganze vor den

---

[1] ALBERT TH. VAN KRIEKEN, Über die sogenannte organische Staatstheorie, Leipzig 1873.

Teilen sei.[1] Ausgebaut wurde sie aber erst mit dem Beginn des 19. Jahrhunderts, zuerst durch die Philosophen FICHTE u. SCHELLING, dann durch die Staatslehrer, aber· ohne in die Erkenntnis des staatlichen Lebens tiefer hineinzuführen. RATZEL[2] schrieb diesen Mißerfolg dem Umstande zu, daß man dabei immer nur die höchst entwickelten Organismen im Auge hatte, und bezeichnete dementsprechend den Staat als einen unvollkommenen ˉOrganismus. KJELLÉN ist ihm in seinem neuesten Werke[3] hierin nachgefolgt. Er definiert den Staat „als ein sinnlich-vernünftiges Wesen mit dem Schwerpunkt auf der sinnlichen Seite" und noch drastischer an anderer Stelle als „ein durch Selbstsucht gefesseltes und unter dem Drucke der Lebensnotwendigkeiten umhertastendes Wesen". In der Tat' trifft diese organische Auffassung auf die außenpolitische Seite vielfach zu, aber keineswegs vollständig. Man verwechselt zu leicht Organisation mit Organismus; man darf nicht apodiktisch sagen, der Staat sei ein Organismus, sondern nur, er gleiche in gewisser Hinsicht einem solchen. Aber die Analogie ist nicht vollständig. Schon JELLINEK hat den Einwurf erhoben, daß dem Staat die Fortpflanzungsfähigkeit fehle, aber man kann allenfalls darüber hinwegsehen, denn Fortpflanzung ist keine notwendige Funktion eines Organismus. Viel schwerer fällt ins Gewicht, daß ein Staat, wenn er gestorben ist, wieder auferstehen kann. Das ist mit dem Begriff des Organismus schlechterdings unvereinbar. Wohl aber kann ein Mechanismus, wenn er ganz aufgelöst, ganz in seine Teile zerlegt ist, wieder zusammengesetzt werden. Die Wiederaufrichtung Polens in unseren Tagen liefert ein beredtes Beispiel. Wir sehen die beiden Mechaniker, Deutschland und Öster-. reich, an der Arbeit, wie sie zuerst die geborstene Maschine aufrichteten, dann neue Rädchen einsetzten, dann diese wieder, als sie sich als unzulänglich erwiesen hatten, mit neuen vertauschten und so allmählich das Uhrwerk wieder in Gang brachten. Und ist der ganze Verwaltungsapparat etwas anderes, als ein komplizierter Mechanismus? Sehen wir nicht immer wieder starke Kräfte von außen her, bald hemmend, bald fördernd in das Räderwerk eingreifen? So erscheint uns der Staat, von der legislativen Seite betrachtet, viel mehr als Mechanismus als als Organismus. Gemeinsam ist beiden die Bewegung, und nur insofern können wir KJELLÉN zustimmen, wenn er

---

[1] ARISTOTELES, Politik, I, 11.

[2] Politische Geographie oder die Geographie der Staaten, des Verkehrs und des Krieges. München 1897, 2. Aufl., 1903.

[3] Der Staat als Lebensform. Leipzig 1917.

den Staat kurz als eine Lebensform bezeichnet; vorausgesetzt, daß wir unter Leben nur Bewegung, nicht aber notwendig auch Entwicklung, d. h. Veränderung von innen heraus verstehen. **Politische Geographie.** Der Geograph betrachtet den Staat ohne Rücksicht darauf, wie die Bewegung zustande kommt, als ein Naturwesen; Inhalt und Methode sind also in der politischen Geographie andere, als in der übrigen Staatswissenschaft, und deshalb beanspruchen wir für jene eine Sonderstellung. Das wird noch klarer werden, wenn wir uns die an der Spitze dieses Abschnittes stehende Definition etwas genauer ansehen.

Der Staat ist uns ein aus zwei untrennbar miteinander verbundenen Elementen, Land und Volk, bestehendes Naturwesen. Damit treten wir in direkten Gegensatz zu RATZEL, der das Gewicht ausschließlich auf das Verhältnis des Staates zum Raume legt. KJELLÉN bekennt sich zu derselben Auffassung, insofern, als ihm geographisch der Staat nur das ist, was sich auf die Erdoberfläche als solche bezieht. Seine „Geopolitik", wie er die politische Geographie nennt, erörtert nur das Verhältnis des Staates zum Land als dem „Körper des Staates". Aber er verfällt nicht in den Fehler RATZELS, in eine Überschätzuug des Raumes, sondern erkennt den gleichwertigen menschlichen Anteil am Staate voll und ganz an[1], nur verweist er ihn in einen besonderen Abschnitt (Demopolitik). Als Staatswissenschaftler mag er sich dazu befugt dünken, obwohl viele seiner Fachgenossen die Zusammengehörigkeit von Land und Volk ausdrücklich anerkannt haben, aber der Geograph muß gegen die Zerreißung des Staatskörpers nachdrücklichst protestieren.

An allem räumlich Gegebenen, also auch am Staatskörper, treten zuerst Gestalt und Größe in Wahrnehmung. Dieser Körper bildet aber nur einen Teil der Erd-, besser gesagt, der Landoberfläche und steht zu dieser in einem bestimmten Verhältnis, ebenso wie zu den benachbarten Staatskörpern, die seine Ausdehnung in mehr oder minder hohem Grade hemmen. Gestalt, Größe und Lage beziehen sich auf den Staat als Ganzes und charakterisieren seine äußere Beschaffenheit; seine innere enthüllt uns die Analyse seiner Struktur, in der auch das Volk zu seinem Rechte kommt. Erst dann, wenn wir über diese vier Punkte: Gestalt, Größe, Lage und Struktur, die wir als die geographischen Kategorien des Staates bezeichnen wollen, Auskunft geben, ist der Staat als Naturwesen vollständig beschrieben.

---

[1] Siehe auch seine beiden älteren Werke: Die Großmächte der Gegenwart, Leipzig 1911, und: Politische Probleme des Weltkrieges. Leipzig 1916.

Durch die Ausschaltung alles Legislativen und Politischen im engeren Sinne gewinnt die politische Geographie an innerer Konzentration und damit an Selbständigkeit. Aber trotzdem kann sie sich politisch nennen, denn sie geht vom Staat als einer in sich geschlossenen geographischen Einheit aus und führt immer wieder zu ihr zurück. Ein schroffer Gegensatz von physischer und politischer Geographie besteht nicht, diese enthält auch Physisches, aber alles bezieht sich auf den Staat, alles dient nur dazu, um das Bild des betreffenden Staates schärfer herauszuarbeiten.

Stellung der politischen Geographie innerhalb der geographischen Gesamtwissenschaft. Für den Laien, der die Wissenschaften hauptsächlich vom Standpunkte der Nützlichkeit beurteilt, ist die Länderbeschreibung mit reichlicher Beimengung staatsrechtlicher und statistischer Daten und in Verbindung mit der Ortskunde die Geographie schlechtweg. Das Vorbild Büschings (1724—93) ist bis in die jüngste Zeit maßgebend geblieben. Daneben aber hat sich in unserer naturwissenschaftlichen Zeit eine Geographie anderen Stiles emporgearbeitet, die den Hauptton auf die Erkenntnis der physischen Verhältnisse legt und alles andere als unerwünschten Ballast betrachtet, der nur im Interesse der Schule mitgeschleppt werden muß. Beide Auffassungen sind einseitig und daher verfehlt. Man hat schließlich einen Ausweg darin gefunden, daß man der Geographie einen dualistischen Charakter zuschrieb. Innerlich befriedigen konnte das freilich nicht. Wenn auch nur ein einziger, Gerland, den Mut fand, den Menschen grundsätzlich aus der Geographie hinauszuweisen, so stimmten ihm doch im Herzen viele unter den jüngeren Geographen bei und bekundeten dies in der Praxis durch einseitige Pflege der naturwissenschaftlichen Seite. Andere mühten sich ab, einen Kompromiß zwischen Natur und Mensch zustande zu bringen, aber dies gelang meist nur äußerlich. Der Stachel des Dualismus sitzt zu tief im Fleisch. Aber er muß überwunden werden. Die Synthese kann sich nur vollziehen auf dem Boden der politischen Geographie. Natur und Mensch vereinigen sich im Begriffe Staat.

Bekanntlich unterscheidet man eine allgemeine und eine spezielle Geographie, je nachdem man die Erscheinungen über die ganze Erdoberfläche verfolgt oder ihr Zusammenspiel an einer bestimmten Örtlichkeit untersucht. Jene nahm in der zweiten Hälfte des vorigen Jahrhunderts vorwiegend einen physikalischen Charakter an, und nur einige Lehrbücher von wissenschaftlichem Range, vor allem das von Hermann Wagner (1. Bd., 9. Aufl., Hannover 1912), suchten allen Seiten der Geographie gerecht zu werden. Bis auf Ratzel war der

Begriff der allgemeinen politischen Geographie so gut wie unbekannt. Wenn auch seine 1897 erschienene Politische Geographie zwar sofort allgemein berechtigtes Aufsehen erweckte, aber doch weniger, als man erwarten sollte, in die Tiefe und in die Breite wirkte, so erklärt sich dies zur Genüge aus der Eigentümlichkeit seiner Darstellungsweise. RATZEL fühlte dies selbst und veranlaßte daher seinen Schüler EMIL SCHÖNE, die Politische Geographie in abgekürzter, verständlicher geschriebener und systematischer gegliederter Form zu bearbeiten (erschienen 1910 in der Leipziger Sammlung „Aus Natur und Geisteswelt"). Ein ähnliches Unternehmen, das der Verlag von DEUTICKE in Wien geplant haben soll, scheint nicht zur Ausführung gelangt zu sein.

Die allgemeine politische Geographie betrachten wir ebenso, wie die physische, als einen Teil der geographischen Propädeutik, die Hauptaufgabe unserer Wissenschaft bildet aber stets, in der Jetztzeit wie in den Tagen HERODOTS und STRABOS, die Darstellung der Erdoberfläche selbst, also das, was wir als spezielle Geographie bezeichneten, was FRIEDR. HAHN neuerdings nicht ganz unrichtig, wenn auch mit allzu schroffer Einseitigkeit, Erdbeschreibung genannt hat[1], und wofür in der deutschen Fachliteratur die Bezeichnung „Länderkunde" üblich geworden ist. Nur muß man sich stets vor Augen halten, daß der Name Land vieldeutig ist. Die erdrückende Mannigfaltigkeit der Erdoberfläche zwingt uns, sie in Teile zu zerlegen, und es fragt sich, nach welchen Grundsätzen man dabei verfahren solle. Das Einfachste ist, sich der politischen Einteilung zu bedienen. Dagegen erhob sich aber schon im 18. Jhrh. Widerspruch.[2] Schon 1726 verwarf POLYKARP LEYSER dieses Verfahren als durchaus unwissenschaftlich, weil die Grenzen der Länder einem beständigen Wechsel unterworfen sind, und forderte eine Einteilung auf Grund der natürlichen Verhältnisse. ZEUNE (1778—1853) hat in der Gaea dieses Prinzip systematisch und vorbildlich durchgeführt, das dann durch die überragende Autorität KARL RITTERS zum höchsten Ansehen gelangte. Seitdem herrschen in der Länderkunde zwei Richtungen. Die eine behält die Einteilung der Landoberfläche in Staaten bei und ist noch immer die weitaus vorherrschende in allen für die Schule und den praktischen Gebrauch bestimmten Lehrbüchern und Kompendien, die andere gliedert die Landoberfläche nach physikalischen Gesichtspunkten in

---

[1] Petermanns Mitteilungen 1914, Bd. I, S. 65, 121.

[2] Vgl. EMIL HÖLZEL, Das geographische Individuum bei Karl Ritter und seine Bedeutung für den Begriff des Naturgebiets und der Naturgrenze. Hettners Geographische Zeitschrift, Bd. II (1896), S. 378 u. 433.

„Naturgebiete", „geographische Individuen" oder „geographische Provinzen". Sie hat im Publikum zwar wenig festen Fuß gefaßt, gilt aber als die allein wissenschaftliche und daher gewissermaßen als die vornehmere; sie hat ohne Zweifel auch eine Berechtigung, ja sie ist sogar die ausschließlich berechtigte, sobald man den Menschen von der Darstellung ausschließt. Wenn dies aber nicht geschieht, so darf man die höchste Leistung des Menschen, den Staat, nicht ignorieren oder, wie s. Z. GUTHE, in einen dürftigen Anhang zu Nachschlagezwecken verweisen. Für die natürliche und gegen die politische Länderkunde scheint zu sprechen, 1. daß die Staaten häufig das von Natur Zusammengehörige zerreißen und von Natur Fremdes verbinden, 2. ihre Unbeständigkeit. Der erstgenannte Übelstand kann, wie wir sogleich sehen werden, ohne Schwierigkeit umgangen werden, und jedenfalls zieht die politische Länderkunde neue Zusammenhänge, die für den Menschen wichtiger sein können, als die natürlichen, ans Licht. Was den zweiten Punkt betrifft, so haben sich beide Länderkunden nicht viel einander vorzuwerfen. Was ein Staat ist, weiß jedermann, über die Naturgebiete sind aber die Ansichten vielfach geteilt; politische Grenzen sind freilich verschiebbar, aber doch wenigstens zeitweise der Willkür des Menschen entrückt, die Grenzen der Naturgebiete sind dagegen vielfach unsicher und dauernd dem gelehrten Streit unterworfen. Übrigens stehen sich die beiden Richtungen der Länderkunde nicht absolut feindlich einander gegenüber, ja, sie lassen sich bis zu einem gewissen Grade vereinigen, müssen sogar vereinigt werden. Die Karte eines Staates oder einer Provinz, deren Geländezeichnung oder geologisches Kolorit plötzlich an der Grenze abbricht, gewährt nicht nur ein unerfreuliches Bild, sondern macht unzweifelhaft auch den Eindruck des Unwissenschaftlichen. Das gleiche gilt auch von der Staatenkunde, die ihre Objekte isoliert, anstatt sie in die großen Zusammenhänge hineinzustellen. Eine Geographie von Europa z. B. muß immer damit beginnen, die morphologischen, klimatologischen und anderen Grundzüge des ganzen Länderkomplexes zu zeichnen, dann erst kann die Staatenkunde mit ihren Details einsetzen. Außerdem ist zu beachten, daß jeder größere Staat zwar eine Einheit bildet, aber trotzdem wieder der Gliederung bedarf. Hier muß das Prinzip der natürlichen Einteilung voll zur Geltung kommen. Würden wir z. B. bei der Charakterisierung der physischen Verhältnisse zu den Provinzen, Départements und anderen politischen Unterabteilungen herabsteigen, so würden wir bald das Gesamtbild des Staates aus den Augen verlieren. Das wäre wissenschaftlicher Partikularismus, und gerade die provinzielle Einseitigkeit zu unterdrücken und den Sinn für das

Ganze zu schärfen und zu weiten, ist eine würdige Aufgabe der geographischen Staatenkunde. Da aus dem Begriffe Staat dessen allgemeine geographische Eigenschaften sich nicht ableiten lassen, so sind wir selbstverständlich auf die Erfahrung angewiesen. Die Methode ist die vergleichende, doch steht uns nur ein verhältnismäßig eng begrenztes Material zur Verfügung. Da wir kein Lehrbuch schreiben, sondern nur. Leitlinien ziehen wollen, so werden wir uns hauptsächlich auf die hochentwickelten Staatengebilde der Gegenwart beschränken und alle mehr oder minder unvollkommenen Zustände unberücksichtigt lassen. Unseren Untersuchungen liegt eine bestimmte praktische Absicht zugrunde, nämlich die, festzustellen, was zur Stärkung oder Schwächung der Staaten beiträgt. An die Stelle der bisher allgemein üblichen Unterscheidung von Groß- und Kleinstaaten sollte die von starken und schwachen Staaten treten; dies würde zwar nicht zu einer völligen Umwertung führen, aber doch unser politisches Urteil wesentlich berichtigen und klären.

Die Gestalt der Staaten.

1. **Einfache Staaten.** Nach ihrer äußeren Gestalt kann man einfache und mehrteilige Staaten unterscheiden. Das Muster eines einfachen Staates ist die Schweiz, und insofern die Grenzlinie ohne Unterbrechung in sich zurückläuft, kann man ihn auch einen geschlossenen nennen. Man könnte einwenden, die Schweiz sei gar keine staatliche Einheit im strengen Sinne, sondern eine Gemeinschaft mehrerer Staaten, ein Bundesstaat, ähnlich wie die Vereinigten Staaten von Amerika oder das Deutsche Reich und, vom innerpolitischen Standpunkt aus betrachtet, ist dies unzweifelhaft richtig, aber trotzdem muß man Bundesstaaten als Einheiten auffassen, was sie, vom Ausland aus gesehen, auch staatsrechtlich sind.

Die Geschlossenheit ist der höchste Grad gestaltlicher Einfachheit, aber als einfach können auch gewisse Staaten mit durchbrochener Grenzlinie, also solche, die man im strengsten Sinne des Wortes zu den mehrteiligen rechnen müßte, bezeichnet werden.

Den Küsten aller maritimen Staaten sind Inseln vorgelagert, die sich physisch als Teile des benachbarten Festlandes erweisen, und doch zu klein sind, als daß sie wirtschaftlich und politisch eine selbständige Rolle spielen könnten. Die Fjordküsten werden von vielen Hunderten solcher Felseneilande von verschiedenster Größe begleitet. Sie sind so dicht geschart, daß sie nur auf Karten größeren Maßstabes einzeln unterschieden werden können, und daß sie, wie z. B. bei Norwegen, den Verlauf der alten, unverletzten Küstenlinie noch deutlich erkennen lassen. In anderen Gegenden, wie z. B. an der Ostseite des Adriatischen Meeres, ist die insulare Auflösung schon weiter gediehen, besonders gegenüber Süddalmatien, und sind manche Inseln auch schon etwas ansehnlicher, aber doch nur unbedeutende Anhängsel Österreichs.[1] Es ist also außer der Festlandsnähe der Inseln immer deren Größenverhältnis zum kontinentalen Hauptkörper des Staates dafür entscheidend, ob wir den betreffenden Staat als einen einfachen oder mehrteiligen auffassen sollen. In manchen Fällen können darüber Zweifel entstehen, wie wir etwa zu entscheiden haben in bezug auf Frankreich—Korsika oder Schweden—Gotland. Die beiden genannten Inseln sind groß, wohl bevölkert, sind wirtschaftlich nicht ganz vom Mutterland abhängig, haben eine eigene geschichtliche Vergangenheit, aber im Vergleiche mit dem kontinentalen Hauptkörper sind sie doch von untergeordneter Bedeutung und üben wenig Einfluß auf das Leben ihrer Staaten aus. Sie sind zwar nicht unbedeutende Anhängsel, können aber den Charakter der Einfachheit des Staates nicht verwischen.

2. **Mehrteilige Staaten** bestehen aus mehreren räumlich getrennten Territorien, die vermöge ihrer Größe auf eine gewisse Selbständigkeit Anspruch machen können, und die dann selbst wieder von kleineren

---

[1] Wie geringfügig der Anteil, den die Meeresinseln am Staatskörper in Europa nehmen, oder kurz gesagt die Insularität der europäischen Staaten ist, zeigt folgende Zusammenstellung (zumeist auf Grund der Ausmessungen in J. STRELBITSKI, Superficie de l'Europe, St. Petersburg 1882, berechnet): Die Zahlen bedeuten die Summe der Inselflächen in Prozenten der Gesamtflächen der betreffenden Staaten.

Großbritannien und Irland	100
Dänemark	46
Griechenland (mit Kreta, aber ohne die kontinentalen Erwerbungen im Balkankrieg)	25
Italien	17
Norwegen	7
Niederlande	5
Österreich-Ungarn	5
Deutsches Reich	5
Portugal (mit Azoren und Madeira)	4
Spanien (mit den Kanaren)	2
Europäisches Rußland	2
Frankreich	1,8
Schweden	1,7
Belgien	0

Trabanten begleitet sind. In der Regel, aber nicht immer, wie Däne-mark zeigt, übernimmt derjenige Teil, der die anderen an Größe über-ragt, die politische Führung im Staatsleben und umschließt die Haupt-stadt und den Sitz der Regierung. Von Natur aus mehrteilig sind die Insel- und Halbinselstaaten; penkontinentale Staaten sind Italien, Griechenland, Dänemark; sie bestehen aus einem festländischen Haupt-teil und einigen größeren Inseln, sind also den einfachen Staaten vom Typus Österreich-Ungarn verwandt und unterscheiden sich davon nur dadurch, daß der kontinentale Bestandteil den insularen nicht so stark überwiegt. Archipelstaaten, die sich, wie der Name besagt, nur aus Inseln zusammensetzen, waren selten und stets nur von unter-geordneter Bedeutung, ein Beweis, daß sich große Staaten stets nur durch Expansion aus kleinen entwickeln, und zur Expansion nur das Festland genügend Raum bietet. Gerade die beiden Staaten, die man allenfalls als Archipelgroßstaaten ansprechen könnte, Großbritannien und Japan, sind ein Beweis für unseren oben ausgesprochenen Satz. Beide waren mit ihrer insularen Existenz entschieden unzufrieden; England suchte im Mittelalter in Frankreich festen Fuß zu fassen, später gründete es sein Kolonialreich in Nordamerika, und endlich auf asiatischem Boden, in Indien. Japan schlug, sobald es sich als modernen Staat zu fühlen begann, denselben Weg ein; entgegen den Wünschen einer Partei, die es nur auf das Meer verweisen wollte, begann es sich über die koreanische Brücke hinweg, über Ostasien aus-zubreiten, und in der Gegenwart tritt diese Tendenz immer deutlicher hervor. Darin besteht freilich ein Gegensatz zu allen anderen Staaten, daß im englischen wie im japanischen Reiche der politische Kern insular war und aller Voraussicht nach bleiben wird.

Schließlich müssen wir noch einer Art der mehrteiligen Staaten gedenken, die entschieden im Aussterben begriffen ist, nämlich des Exklavenstaates. Die Teile sind nicht durch Meer voneinander getrennt, sondern über das Land verstreut. Sie heißen Exklaven vom Standpunkte jenes Staates, zu dem sie gehören, und Enklaven vom Standpunkte jenes Staates, der sie umschließt. Im Mittelalter und bis Napoleon spielten sie in Europa eine große Rolle; das bunt-scheckige Bild, das damals das Deutsche Reich bot, war zum Teil eine Folge der Kleinstaaterei, zum Teil durch die große Menge von Enklavenstaaten bedingt. Übrigens steht Deutschland in dieser Be-ziehung nicht allein da. Es war die Zeit, da die Fürsten zwischen Staats- und Privatgut nicht zu unterscheiden pflegten, und Erbteilungen und Heiratsausstattungen gaben häufig Veranlassung zur Erwerbung von Exklaven. Der größte deutsche Exklavenstaat, der bis 1866

diesen Charakter bewahrte, war Preußen. Die Unzuträglichkeit einer
solchen Staatsgestalt liegt auf der Hand. Auch insulare Zersplitterung
ist ein Moment der Schwäche, die um so fühlbarer wird, je weiter die
Teile voneinander ab liegen, und unter allen Umständen wird die Grenze
verlängert, werden die Angriffspunkte vermehrt, und wird dadurch die
Verteidigung erschwert. Wie sehr muß sich dieser Übelstand steigern,
wenn zwischen den Teilen des Staates fremde, oft neutrale Staaten

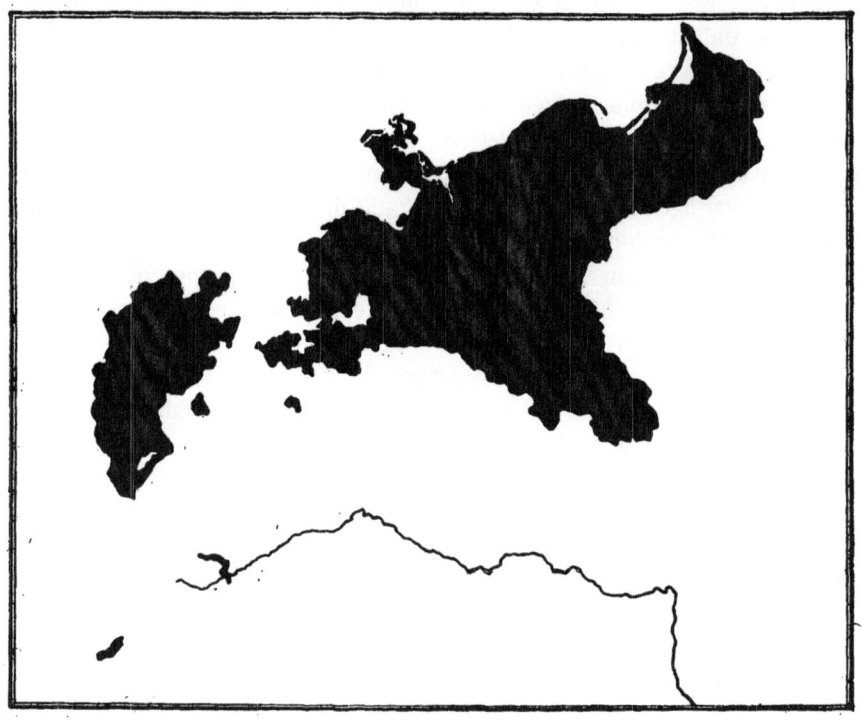

Preußen zur Zeit des Deutschen Bundes.

liegen! Es war daher ein Gebot der Staatsnotwendigkeit, alle Gelegen-
heiten zu benutzen, um diese zerstreuten Trümmer zu einem einheitlichen, kompakten Gebäude zu verschmelzen. In der napoleonischen
Zeit und bei der nachfolgenden Neuordnung der Verhältnisse sind
viele Exklavenerbstücke verschwunden. Nur wenige blieben erhalten,
die meisten in Thüringen, das als Modell der mittelalterlichen politischen
Zersplitterung Deutschlands gelten kann. Übrigens sind Exklaven
nicht unter allen Umständen für den Bestand des Staates gefährlich.
Der größte Exklavenstaat der neueren Geschichte war das habs-
burgische Spanien, das außer dem Stammland und dem dazu gehörigen

großen Kolonialbesitz in der neuen Welt noch Sardinien, Sizilien, das Königreich Neapel, Mailand, die Freigrafschaft Burgund und das jetzige Belgien umfaßte. Das hatte in Kriegszeiten natürlich eine unbequeme Zersplitterung seiner Kräfte zur Folge, besonders da sich das feindliche Frankreich zwischen Spanien und Belgien drängte, war aber anderseits eine wesentliche Vorbedingung für Spaniens europäische Machtstellung, die freilich nicht ausgenutzt wurde, wie es hätte werden können. Der Besitz Süditaliens sicherte die Herrschaft über das Tyrrhenische Becken, das nun von einem Kranz spanischer Besitzungen umsäumt wurde, und die Niederlande mit ihrer reichen Industrie und ihrer regen Schiffahrt boten dem armen Stammland eine unentbehrliche Ergänzung für dessen koloniale Bestrebungen. Im spanischen Erbfolgekriege kam Belgien an Österreich, und nun machten sich die Nachteile der Exklavenwirtschaft immer mehr fühlbar. Es war daher vom österreichischen Standpunkt eine durchaus gesunde Politik, wenn Josef II. Belgien gegen das ärmere, aber benachbarte Bayern umtauschen wollte, ein Plan, der bekanntlich an dem Widerstande Friedrichs d. Gr. scheiterte. Wäre er verwirklicht worden, so hätte sich das Geschick Österreichs und damit ganz Mitteleuropas wesentlich anders gestaltet.

Die interessanteste Exklave ist derzeit der schmale Landstreifen, den die Republik Panama zu beiden Seiten des gleichnamigen Schifffahrtskanals den Vereinigten Staaten von Amerika abgetreten hat, und wo auch bereits Festungswerke errichtet wurden. So unbedeutend diese Exklave auch räumlich ist, so wichtig ist sie durch ihre Lage, uud es ist vorauszusehen, daß die Vereinigten Staaten danach streben werden, auf irgendeine Weise auch eine räumliche Verbindung mit ihr herzustellen. Die zentralamerikanischen Staaten sind zu machtlos, um das auf die Dauer verhindern zu können; diese Aufgabe fällt Mexiko zu, dessen Unabhängigkeit durch ein solches Ausgreifen der Union ja auch in Frage gestellt wäre.

Kolonialstaaten. Wir verstehen darunter nur Staaten mit überseeischen Kolonialbesitzungen, schließen also Rußland, das mit seinen asiatischen Besitzungen in unmittelbarem Landzusammenhang stand und äußerlich alle Merkmale eines einfachen Staates trug, davon aus. Rein territorial betrachtet, kann man die Kolonialstaaten den mehrteiligen Staaten zurechnen, und auch die weite Entfernung der Teile voneinander ändert daran nichts wesentlich. Ihr politischer Zusammenhang wird dadurch freilich gelockert, aber trotzdem macht sich die Verletzung eines Teiles wenigstens im führenden Hauptteil fühlbar und auch umgekehrt. Dafür bietet gerade der jetzige Welt-

krieg zahlreiche Beispiele. Der Hauptunterschied zwischen mehrteiligen und Kolonialstaaten liegt darin, daß in jenen die Teile politisch
gleichwertig sind, in diesen aber nicht. Hier ist immer nur ein·Teil,
derjenige, von dem die kolonisatorische Bewegung ausgegangen ist,
aktiv, und alle anderen sind passiv; jener gebietet und diese müssen
gehorchen. Dieses Verhältnis der Teile zueinander hat sich natürlich
in den verschiedenen Kolonialstaaten höchst mannigfaltig ausgebildet
und war in jedem zeitlichen Wandlungen unterworfen, aber der Gegensatz blieb immer bestehen. Er ist ursprünglich ethnographisch begründet. Seit dem 16. Jahrh., seitdem Kolonialstaaten bestehen, lagen
die aktiven Teile immer in Europa, und erst in den letzten Jahrzehnten gesellten sich noch die Vereinigten Staaten von Amerika und
Japan zu den Kolonialmächten. Mit Ausnahme von Japan gehörten
die gebietenden Völker der weißen Rasse an und waren die unterworfenen farbig. Nach diesen völkischen Verhältnissen lassen sich
drei Arten von Kolonien unterscheiden[1]: 1. Eingebornenkolonien,
in denen außer wenigen weißen Beamten, Soldaten, Missionaren, Kaufleuten u. dgl. nur farbige Eingeborene leben. 2. In den Mischkolonien bilden zwar die Farbigen und ihre Mischlinge noch immer
die Mehrzahl, aber das weiße Element nimmt schon einen breiteren
Raum ein und, was besonders schwer ins Gewicht fällt, ist zum großen
Teil ansässig geworden. 3. In den Einwandererkolonien haben die
weißen Kolonisten entweder menschenleere Ländereien in Besitz genommen, oder die Eingeborenen entweder verdrängt oder bis auf wenige
unbedeutende Reste ausgerottet. In den großen Kolonialstaaten sind
alle drei Arten vertreten. Der Gegensatz von aktiven und passiven
Teilen gestaltet sich verschieden. Die Eingeborenen- und die meisten
Mischkolonien können wir als Dienerländer bezeichnen, und ihnen
gegenüber steht das politische Kernland als Herrenland. Die
Briten betonten diesen Herrenstandpunkt immer mit besonderem
Nachdruck, selbst wenn sie, durch die Not gezwungen oder aus
finanziellen Gründen, die alten, einheimischen Fürsten und Häupt-
linge zum Teil bestehen ließen und ihre kolonialen Untertanen nur
mittelbar regierten. Diese Methode empfahl sich besonders in der größten
Eingeborenenkolonie, in Britisch-Indien, wo noch an 300 britische
Vasallenfürsten sich einer prunkhaften, aber machtlosen Existenz
erfreuen. Auch in anderen Kolonien ist diese Regierungsform beliebt.
Im übrigen hat sich das Verhältnis der Dienerländer zum Herrenland

---

[1] A. SUPAN, Die territoriale Entwicklung der europäischen Kolonien. Gotha
1906, S. 307.

außerordentlich verschiedenartig gestaltet, was schon durch die ebenso große Mannigfaltigkeit in der Gesittung der Eingeborenen bedingt ist — man denke nur an den Unterschied zwischen einem afrikanischen Naturvolk und den Hindus mit ihrer fast dreitausendjährigen Kultur. Einwandererkolonien standen zu ihrem Kernland natürlich in einem anderen Verhältnis, das man kurz als das von Töchtern zur Mutter bezeichnen kann. Aber trotzdem bestand der Gegensatz von passiv und aktiv auch hier, denn auf den Tochterländern lastete der schwere Druck der Bevormundung. Das führte zum Abfall der englischen Kolonien in Nordamerika und später der spanischen und portugiesischen Kolonien in Mittel- und Südamerika, die seitdem ihre staatliche Unabhängigkeit bewahrt haben. Große Umgestaltungen im britischen Kolonialreiche waren die Folge davon. Eine neue Art von Kolonien entstand, die Dominions, wie man sie jetzt nennt, mit selbständiger Gesetzgebung und Verwaltung, die nur noch ganz lose mit dem Mutterland zusammenhängen. Mit Ausnahme der südafrikanischen Union, wo die weiße Bevölkerung nur 16 v. H. ausmacht, sind sie alle echte Einwandererkolonien: Canada, Neufundland, Australien und Neuseeland. Südafrika, Australien und Canada kann man wegen ihrer räumlichen Ausdehnung und ihrer Lage wohl als Staaten, und zwar als Bundesstaaten betrachten, und man hat im Ausland auch schon oft die Erwartung ausgesprochen, daß sie sich vom britischen Mutterland loslösen werden. Aber so locker auch das Band ist, das sie mit England verknüpft, es bleibt doch ein Gängelband. Der von der britischen Krone ernannte Gouverneur führt die Oberaufsicht, und die Leitung der auswärtigen Angelegenheiten wird ausschließlich von London besorgt. Wir sind daher vollauf berechtigt, das britische Reich noch immer als eine staatliche Einheit zu betrachten. Man ist sich aber in England auch darüber klar geworden, daß der Zusammenschluß des Mutterlandes mit den Dominions auf eine solidere Grundlage gestellt, daß aus allen diesen zerstreuten Stücken ein kräftiges, lebensfähiges Ganze geschaffen werden müsse, ein „Imperium", das, wie sich JOSEF CHAMBERLAIN ausdrückte, „jeden Mann britischer Rasse in jedem Teile der Erdkugel umfaßt". Seit 1887, dem Jahre der ersten Kolonialkonferenz in London, hat der imperialistische Gedanke immer weitere Kreise gezogen und sich immer mehr der Geister bemächtigt. Bekannt ist der Plan JOSEF CHAMBERLAINS, das Imperium durch einen Zollbund zu erreichen. Er ist gescheitert, weil er gegen den englischen Grundsatz des Freihandels verstieß, wird aber, wenn auch vielleicht in veränderter Form, wieder aufleben. Die beiden großen Kriege, in die England in der jüngsten Zeit verwickelt war, haben gezeigt, daß der Gedanke des

inneren Zusammenhangs von Mutterland und Tochterländern auch in
den letzteren schon feste Wurzeln geschlagen hat. Wir stehen hier vor
ganz neuen Staatsgestalten, vor Problemen, denen wir später noch
einmal begegnen werden.

Die übrigen Kolonialstaaten der Gegenwart stehen im großen
ganzen noch auf der Stufe von Herren- und Dienerland. Doch
gibt es Abweichungen. Ein paar französische Kolonien senden Vertreter in das französische Parlament, Algier gilt fast als ein Teil des
Kernlandes. Spanien zählt die Kanaren und Ceuta, Portugal die
Azoren und Madeira zum Mutterlande, Hawaii ist nicht eine Kolonie,
sondern ein Territorium der Vereinigten Staaten.

Zusammenfassend können wir sagen, daß Kolonialstaaten, ebenso
wie mehrteilige Staaten, als politische Einheiten aufzufassen sind,
aber mit jenen nicht zusammengeworfen werden dürfen. Fraglich
bleibt es dagegen, wie es mit den Interessensphären zu halten sei.
Man versteht darunter überseeische Gebiete, auf die ein Kolonialstaat
die Hand gelegt, auf die er sich durch Verträge mit den eingeborenen
Machthabern und mit anderen Kolonialstaaten Rechtstitel erworben
hat, deren eigentliche Besitzergreifung aber erst in der Zukunft erfolgen
soll. Sie sind charakteristisch für die Periode ungestümer Kolonialjagd
in den 80er und 90er Jahren des vorigen Jahrhunderts, sind aber eine
Erscheinung, die sich in weniger legalen Formen durch alle Zeiten
der Kolonialgeschichte bis zur Teilung der Erde durch Papst
Alexander VI. verfolgen läßt. Theoretisch sind sie vom Gebiete des
Kolonialstaates auszuschließen, praktisch wird es aber in seltenen
Fällen gelingen, zwischen Interessensphären und kolonialen Verwal-
tungsgebieten für einen bestimmten Zeitpunkt eine Grenze zu ziehen.
Dies gilt z. B. selbst für die französische Einflußsphäre in der westlichen Sahara, während die britische in der Libyschen Wüste wohl
auch heute noch unabhängig ist und daher nicht zum britischen Reiche
gezählt werden darf.

Manchmal wendet man eine strengere Terminologie an, indem
man z. B. zwischen Großbritannien und dem britischen Reiche (nicht
ganz identisch mit Imperium, s. S. 13), Rußland und dem russischen
Reiche, China und dem chinesischen Reich usw. unterscheidet. Man
will damit sagen, daß z. B. Rußland nur ein Teil des russischen Reiches
ist, klare Begriffe verbindet man aber mit diesem Sprachgebrauche
noch nicht.

Wenn wir uns fragen, inwiefern Kolonien zur Stärkung oder
Schwächung eines Staates beitragen — eine Frage, die besonders in
Deutschland, aber in der Vergangenheit auch in England lange Zeit

auf der Tagesordnung stand —, so können wir unser Urteil in Kürze
dahin zusammenfassen, daß Kolonien an und für sich für jeden Staat
eine Last sind. Ihre Zerstreuung über weite Räume, die Notwendigkeit einer starken Flotte, an der die Kolonialbestrebungen Frankreichs wiederholt gescheitert sind, und von der uns der gegenwärtige
Krieg auf die eindringlichste Weise überzeugt hat, die klimatischen
Widerwärtigkeiten der Tropenzone, in der die meisten Kolonien liegen,
die Schwierigkeiten, die die Eingeborenen einer geregelten Verwaltung
und den kulturellen Aufgaben der Kolonisten entgegensetzen — das
alles ist entschieden als ein Schwächemoment einzuschätzen. Wenn
wir trotzdem seit fast einem halben Jahrtausend die Seemächte eifrig
bestrebt sehen, sich kolonial auszudehnen, so muß der Grund hierzu
wo anders zu suchen sein, und wir werden an einer späteren Stelle
davon ausführlicher zu reden haben. Vorläufig haben wir nur festzustellen, daß Staaten durch kolonialen Besitz eine ungünstige Gestalt
erhalten. Viel hängt davon ab, in welchem Größenverhältnis dieser
Besitz zu dem Kernlande steht. Darüber gibt uns der auf die Land-
fläche oder die Bevölkerung bezogene Kolonialquotient (Kolonien
dividiert durch das dazu gehörige Mutter- bzw. Herrenland) raschen
und übersichtlichen Aufschluß. Für die Zeit unmittelbar vor dem
gegenwärtigen Weltkriege galten ungefähr folgende Zahlen:

	Fläche	Bevölkerung
England[1]	102,7	8,4
Niederlande	59,8	6,2
Belgien	80,0	2,3
Portugal[3]	24,3	1,7
Frankreich[2]	19,5	1,4
Italien	5,1	0,4
Deutschland	55,3	0,2
Japan	0,7	0,2
Amerika	0,04	0,1
Spanien[3]	0,7	0,05

Nach obiger Tabelle lassen sich die kolonialen Mächte in zwei
Gruppen zusammenfassen, in der ersten liegt der Bevölkerungs-Kolonial-
quotient über, in der zweiten unter 1. Die erste umfaßt die alten
westeuropäischen Kolonialmächte mit Ausnahme von Spanien, das

---

[1] Ohne die libysche Wüste und die überseeischen Besitzungen auf europäischem
Boden, Gibraltar und Malta.

[2] Einschließlich der saharischen Einflußsphären.

[3] Die portugiesischen Azoren und Madeira und die spanischen Kanaren sind
als Kolonialbesitz behandelt.

einst auch ihr angehörte, ja sogar an der Spitze stand und nun auf die letzte Stufe herabgesunken ist. Zur zweiten Gruppe gehören die jungen Kolonialstaaten, deren Expansionstrieb nach allen Seiten hin auf Widerstand stieß. Rein zahlenmäßig betrachtet ist ein kleiner Kolonialquotient günstiger als ein großer, namentlich in bezug auf die Bevölkerung; es ist augenscheinlich klar, daß die Herrschaft gesicherter ist, wenn die Unterworfenen sich in der Minderzahl befinden. Daß 46 Mill. Engländer über 315 Mill. Inder herrschen, ist unzweifelhaft ein ungesundes Verhältnis, und man weiß auch, auf wie schwachen Füßen das britische Regiment in Indien steht. Doch darf man nie vergessen, daß Flächen- und Volkszahlen für die Wertschätzung einer Kolonie nur von untergeordneter Bedeutung sind. Namentlich die Flächenzahlen. Der Unterschied beider Kolonialquotienten zeigt deutlich, wie dünn die Kolonien durchschnittlich bevölkert sind, was sich daraus erklärt, daß neben reichen Gegenden unfruchtbare liegen. Damit soll aber nicht gesagt sein, daß diese letzteren nicht einmal auch bei rationellerer Bewirtschaftung im Werte steigen können.

Umrißformen. Betrachten wir auf einer Karte die Umrißformen der einfachen Staaten und der Hauptkörper der mehrteiligen und Kolonialstaaten, so werden wir zunächst durch ihre Mannigfaltigkeit verwirrt. Es ist in der Tat unmöglich, sie in ein System einzufügen, und wir müssen uns damit begnügen, einige besonders auffällige Formen hervorzuheben. In ihnen spiegeln sich nicht nur die Eigentümlichkeiten der Bodenbeschaffenheit, sondern auch die geschichtlichen Schicksale des Volkes wider.

Jedenfalls muß man den Satz gelten lassen, daß eine kurze Grenze leichter zu verteidigen ist, als eine lange, daß also von zwei gleich großen Flächen diejenige begünstigter ist, deren Umriß sich am meisten dem Kreise nähert. Eine kreisförmige Gestalt suchen wir unter den größeren Staaten freilich vergebens, am nächsten kommt ihr noch das chinesische Reich. Das Zentrum liegt ungefähr im Kuku-nor. Andere Staaten erinnern an eckige geometrische Figuren, z. B. Uruguay an ein Dreieck, Spanien (fast quadratisch!), die Vereinigten Staaten, das russische Reich u. a. an ein Viereck, Frankreich an ein Fünfeck usw. Im Gegensatze zu jenen Staatsgestalten, deren Längs- und Breitenachsen nicht sehr voneinander abweichen, stehen die Longitudinalstaaten, die sich vorwiegend nur nach einer Seite entwickelten, also die Form langer Streifen zeigen. Chile ist ein Musterbeispiel; bei einer nordsüdlichen Länge von 4000 km hat es mit Ausnahme der Puna de Atacama nur eine Breite von wenig über 100 km. Dieser Typus, wenn auch nicht so scharf ausgeprägt, ist ziemlich weit verbreitet. In Europa ist Italien ein charakteristisches Beispiel; hier, wie in Chile, ist augenscheinlich der Verlauf des Gebirges dafür verantwortlich, wenn auch, wie wir sehen werden, nicht ausschließlich. Dort, wo die Andes sich spalten und der Gebirgskörper mit mächtiger Ausbreitung weit in das atlantische Flußgebiet sich hineinerstreckt, folgt auch die Ostgrenze der pazifischen Staaten diesem Übergreifen. Chile folgte diesem Beispiel, indem es sich in der Atacama auf Kosten Boliviens verbreiterte. Auch im Süden, wo die Andeskette ihre strenge Geschlossenheit verliert, und die Hauptwasserscheide von dem Kamm in die Täler hinabsteigt, hatte einst Chile sich nach Ost auszudehnen versucht, zog aber in dem daraus entstandenen Konflikt mit Argentinien den kürzeren. Die Longitudinalgestalt ist ein augenscheinliches Schwächemoment. Nur ein Beispiel. An der Ostküste Großbritanniens war der Hauptkriegshafen Chatham. Der Aufschwung der deutschen Seemacht zwang zur Gründung eines neuen Kriegshafens, Rosyth am inneren Firth of Forth, dessen Aufgabe es war, die Nordsee zu bewachen. Im gegenwärtigen Kriege machte sich eine abermalige Verschiebung zum Schutze der nördlichen Ausfahrt aus der Nordsee notwendig: Scapa Flow in den Orkneyinseln. In dieser Wanderung militärischer Schwerpunkte tritt die Ungunst einer langgestreckten Grenze — hier einer maritimen — klar zutage.

Auch Longitudinalstaaten sind Variationen unterworfen. Dem meridional gestreckten Chile steht z. B. die sichelförmige österreichische Reichshälfte gegenüber, eine der seltsamsten Gestalten, die wir in unseren Atlanten finden, so seltsam, daß wir auf den ersten Blick die Überzeugung gewinnen, dieses Österreich wäre ohne Ungarn eine Unmöglichkeit, während anderseits Ungarn in seiner behäbigen Abrundung ohne Österreich sehr wohl existieren könnte (s. Fig. S. 18). Nun begreifen wir auch die Notwendigkeit der Annexion Bosniens und der Herzegowina, die dem schmalen dalmatinischen Streifen erst einen festen Rückhalt gibt. Ein Gegenstück des umfassenden österreichischen Staates ist Rumänien. Es ist an und für sich begreiflich, daß auch dieser Staat nach Ausfüllung seiner Krümmung strebte und nicht bloß aus nationalen Gründen es auf Siebenbürgen abgesehen hatte. Da aber anderseits Ungarn, wie wir sehen werden, auf die transsylvanische Hochburg nicht verzichten kann, ohne sich selbst aufzugeben, so stehen wir hier vor einem dauernden Konflikt, der früher oder später einmal dazu führen muß, daß einer der beiden Konkurrenzstaaten verschwindet.

Gebuchtete Gestalten sind meist nachteilig. Deutschland leidet sehr darunter. Zwei Buchten, die polnische und die böhmische, dringen

an der Ostseite tief in den Körper des Reiches ein und bedrohen
dessen Hauptstadt. Die Politik des Reiches ist dadurch zum Teil vor-
gezeichnet: es durfte niemals gleichzeitig mit Österreich-Ungarn und
Rußland in Krieg geraten. Durch die dritte Teilung Polens, die
Preußen in den Besitz des Weichsellandes setzte, wurde die polnische
Bucht vorübergehend ausgefüllt, und die jüngste Wiederherstellung
Polens wird diesen Grenzfehler, wenn auch nicht aufheben, so doch
hoffentlich mildern. Jenen zwei Buchten entsprechen zwei zipfel-
artig vorspringende Ausbuchtungen, die preußische und die schlesische,
die augenscheinlich eine stark gefährdete Lage besitzen. Im letzten

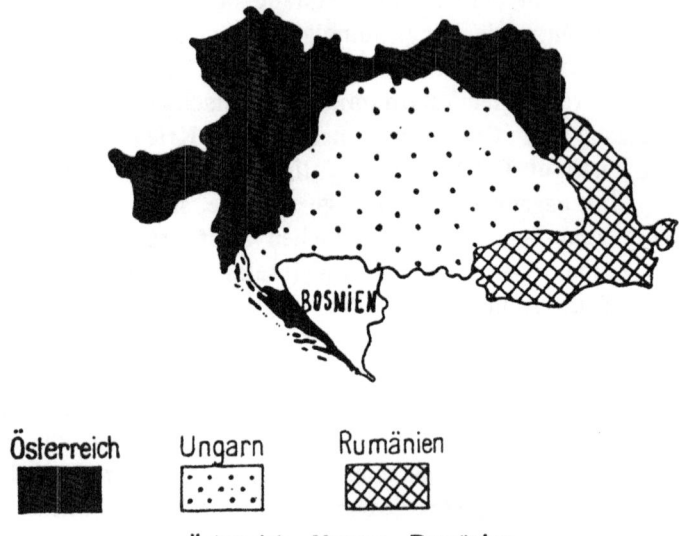

Österreich— Ungarn—Rumänien.

Kriege war der preußische Zipfel der vollen Wucht des russischen
Angriffes ausgesetzt. Je schmäler solche Zipfel und je enger ihre
Verbindung mit dem staatlichen Hauptkörper ist, desto schwieriger
wird ihre Verteidigung, desto problematischer wird ihr Wert. Extreme
Beispiele sind der nach dem zweiten Reichskanzler benannte Caprivi-
zipfel Deutsch-Südwestafrikas und der von Afghanistan nach O vorspringende Wachanzipfel, der die unmittelbare Berührung der britisch-
indischen und der russischen Grenze verhindern soll — zwei diplomatische Meisterstücke ersten Ranges!

Grenzentwicklung. Es erscheint wünschenswert, für die Umrißformen der Staaten, oder, wie man zu sagen pflegt, für ihre Grenzentwicklung einen mathematischen Ausdruck zu finden. Aber die
Aufgabe ist schwieriger, als sie anfangs scheint. Alle Vorschläge, die

man für die Küstenentwicklung gemacht hat, gelten auch hier.[1] Völlig befriedigt keiner, ganz abgesehen von den Schwierigkeiten, die die Ausmessung der Grenzen an und für sich bereitet. Wir haben uns hier für eine Formel entschieden, die auch HERMANN WAGNER[2] angewendet hat. Sie besagt, um wievielmal der wirkliche Umfang eines Staates größer ist, als der des flächengleichen Kreises,[3] oder mit anderen Worten: je mehr der Umfang von der Kreisform abweicht, desto größer ist die Grenzentwicklung, desto ungünstiger ist, unter sonst gleichen Umständen, die Gestalt des Staates. Auf Grund der leider nicht ganz zuverlässigen Messungen STREBBITSKIS[4] wurden für die europäischen Staaten, natürlich mit Ausschluß der Inseln, und auch abgesehen von den meisten Balkanstaaten, deren Gestalt große Veränderungen erfahren hat, folgende Werte ermittelt[5]:

	Grenzlänge km	Grenzentwicklung
Norwegen	21900	11,3
Irland	4860	7,4
Griechenland (1882)	3160	4,5
Großbritannien	8000	4,3
Schweden	9800	4,2
Europ. Rußland	32900[6]	4,1
Italien	5700	3,3
Niederlande	2040	3,3
Österreich-Ungarn	9200	3,2
Deutsches Reich	8150	3,1
Frankreich	7300	2,8
Spanien	6200	2,5
Schweiz	1760	2,4
Portugal	2460	2,3
Belgien	1330	2,2
Dänemark (Jütland)	1230	1,8

An der Spitze stehen Länder mit stark gezahnten Küsten, und bei den übrigen Staaten sind es hauptsächlich die buchtenreichen

---

[1] A. SUPAN, Grundzüge der physischen Erdkunde, 6. Aufl., Leipzig 1916, S. 816.

[2] Lehrbuch der Geographie, 9. Aufl., 1912, Bd. I, S. 830.

[3] Ist F der Flächeninhalt einer beliebigen Figur, so ist der Umfang eines flächengleichen Kreises $= 2 \sqrt{\pi F}$.

[4] Zit. S. 8.

[5] Zahlen für Grenzentwicklung können logischerweise nur für geschlossene Figuren gegeben werden, also bei mehrteiligen Staaten nur für die einzelnen Teile. Bei einfachen Staaten mit Inseln wird von letzteren abgesehen.

[6] Davon 5700 km innere Grenze zwischen dem europäischen und asiatischen Rußland.

Küsten, die eine starke Grenzentwicklung zur Folge haben. Die verhältnismäßig große Ausgeglichenheit der Landgrenzen erklärt sich daraus, daß sie zum großen Teil willkürlich sind.

Arten der Grenzen. Indem wir von der Gestalt der Staaten sprachen, haben wir auch von dem Verlaufe der Grenzen gesprochen, aber noch nicht von ihrer Beschaffenheit.

Über Grenzen ist schon viel geschrieben worden, vom allgemeinen Standpunkt aus hat RATZEL diesen Gegenstand behandelt, und wenn wir auch in den folgenden Erörterungen nicht das ganze Problem aufrollen wollen, so möge es doch, um Klarheit zu schaffen, vergönnt sein, ein paar allgemeine Bemerkungen vorauszuschicken. Man hat zunächst an dem Unterschiede von Berührungsstellen starrer und beweglicher Körper festzuhalten.[1] Die ersteren sind ihrem Wesen nach Eigenschaftsgrenzen. Wenn ich einen Stein und einen genau sich anschmiegenden Eisenblock nebeneinander lege, so ist die Grenze eine wahrhafte Trennungslinie, an der plötzlich und unvermittelt ein Wechsel der Substanz eintritt. An Bewegungsgrenzen verhalten sich die sich berührenden Körper anders. Da ihre Teilchen verschiebbar sind, so können die Substanzen an den Berührungsstellen sich gegenseitig durchdringen oder mischen. Statt einer scharfen Trennungslinie entsteht eine Übergangszone. Ein anderer Unterschied liegt darin, daß Eigenschaftsgrenzen fest, Bewegungsgrenzen verrückbar sind, sich also genau so verhalten, wie die Körper, die sie trennen.

Die Staatsgrenzen, mit denen wir es von nun an ausschließlich zu tun haben werden, sind offenbar Bewegungsgrenzen, und es ist ein bleibendes Verdienst RATZELs, sie als solche erkannt zu haben. Nur hat er seine naturwissenschaftliche Auffassung zu einseitig verfolgt. Es ist dabei außer acht gelassen worden, daß die Staatsgrenze in erster Linie nicht eine Volksgrenze, sondern eine Machtgrenze ist. Als solche nimmt sie zum Teil auch den Charakter einer Eigenschaftsgrenze an. Es ist allerdings richtig, daß die Bevölkerung hüben und drüben der Grenze, auch wenn sie verschiedene Sprachen spricht, manche gemeinsamen Züge besitzt, die sich auf lange dauernde Berührung und Mischung und gemeinsame Interessen zurückführen lassen, aber das rüttelt nicht an der Tatsache, daß zu beiden Seiten der

---

[1] RATZEL hat eigentlich nur den zweiten Fall betrachtet und daraus entsprangen viele Mißverständnisse. Sein Schüler EMIL SCHÖNE erklärte geradezu: „In Wirklichkeit ist die politische Grenze, wie jede andere Grenze, ein räumliches Gebilde von wechselnder Breite" (Politische Geographie, S. 40).

Grenze verschiedene Gesetze gelten, also Gegensätze herrschen, auf die sich der Vergleich mit beweglichen Körpern nicht anwenden läßt. Die Staatsgrenzen sind entweder physische oder politische. Jene entwickeln sich an natürlichen Hindernissen, die sich der Ausdehnung des Staates entgegenstellen und zunächst auch nicht überwunden werden können. Solche Schranken sind das Meer, das Eis und die Wüste. Aber auch sie können mit der Zeit fallen. Das Meer ist schon längst aus einer Völkerschranke eine Völkerbrücke geworden. Die Staaten greifen nicht nur über schmale Meeresarme, sondern sogar über breite Ozeane hinüber. England, Frankreich, Spanien und Portugal haben ihre atlantischen Gegengestade bis tief in das Land hinein ihrer Herrschaft unterworfen. Nur der Große Ozean, der die halbe Erdkugel bedeckt, verharrt noch im Stadium der Schranke, aber schon mehren sich die Anzeichen seiner Überwindung. Ein erster Schritt dazu war die Besitzergreifung Hawaiis und der Philippinen durch die Amerikaner, und schon scheinen sich die Japaner zu dem umgekehrten Wege zu rüsten. Auch Wüsten bilden keine dauernden Grenzen. Die jahrzehntelangen Bemühungen der Franzosen, von Algier aus eine staatliche Verbindung mit den Senegal- und Nigerländern herzustellen, sind von Erfolg gekrönt worden. Nur das Eis scheint ein dauerndes Hemmnis zu sein. Die dänischen Kolonien in Grönland werden immer nur auf den Rand des Inlandeises beschränkt bleiben, und auch die reichsten Bodenschätze würden keinen verlocken, von der Antarktika, diesem echtesten Niemandslande der Erde, Besitz zu ergreifen.

Insofern solche Naturhindernisse Grenzen bilden, sind diese einseitig, im Gegensatze zu den doppelseitigen politischen Grenzen, die zwei Staaten voneinander trennen. An der maritimen Westgrenze Frankreichs stehend, blicken wir nur auf einer Seite in ein staatliches Gebilde, auf der anderen aber in das politische Leere hinaus. Die Ostgrenze hat dagegen einen Januskopf, das eine Gesicht kehrt sich Frankreich, das andere Deutschland zu. Die physischen Grenzen sind mehr den Eigenschaftsgrenzen verwandt, die politischen mehr den Bewegungsgrenzen; jene sind auch fester als diese.

Näheres über die Staatsgrenzen.[1] Die politischen Grenzen[2] —

---

[1] Man nennt sie auch äußere Grenzen im Gegensatze zu den inneren oder den Grenzen zwischen den Verwaltungseinheiten eines Staates, wie Provinz-, Kreis-, Gemeindegrenzen u. dgl. Die Lehre von diesen gehört ausschließlich in das Gebiet der legislativen Staatenkunde.

[2] CLEMENS FÖRSTER, Zur Geographie der politischen Grenze. Inaug.-Diss. Leipzig 1893. — H. WALSER, Zur Geographie der politischen Grenzen; Mitteilungen

immer in dem von uns angenommenen engeren Sinne — sind entweder
mehr oder weniger breite Streifen, Grenzsäume, wie man sie zu
nennen pflegt, oder Grenzlinien[1], ferner sind sie entweder natürlich,
wenn sie sich an gewisse gegebene Verhältnisse anlehnen, oder
künstlich, so daß wir, indem wir diese beiden Einteilungen kom-
binieren, zu einer Vierzahl von politischen Grenzen gelangen. Die
physischen dagegen sind stets nur Grenzsäume, und zwar selbstverständlich natürliche.

Von diesen sind die Meeresgrenzen am wichtigsten. Sie sind
eigentlich Grenzsäume in des Wortes strengster Bedeutung. Trotzdem
zeigt sich auch hier die Tendenz, flächenhafte Grenzen durch lineare
zu ersetzen. Die Grenze zwischen Meer und Land ist periodischen und
unperiodischen Schwankungen unterworfen, sie soll daher durch eine
feste künstliche Linie ersetzt werden. Nicht das ganze Meer soll als
neutrale Fläche betrachtet werden, sondern man nimmt einen an der
Küste gelegenen Streifen (Territorialgewässer, mare territoriale) davon
aus, um den daran liegenden Staat vor feindlichen Überfällen und
wirtschaftlichen Eingriffen (Fischfang) zu schützen. In älteren Zeiten
sollte dieser marine Grenzsaum so weit hinausreichen, als die am
Strande aufgestellten Geschütze tragen; da aber die Tragweite der
Kanonen sich änderte, so führte man ein festes Maß ein: alle Küsten-
gewässer bis zu einer Entfernung von 3 Seemeilen (5560 m) und in
allen Buchten von weniger als 10 Seemeilen (18500 m) Breite sollen
als Staatsgebiet angesehen werden. In neuester Zeit ist in Amerika
der Gedanke aufgetaucht, wieder zum älteren System zurückzukehren,
aber, entsprechend der Tragkraft der modernen Geschütze, die Staatsgrenze bis 40 Seemeilen (74 km) hinauszurücken. Nach den neuesten
Erfahrungen vor Paris würde auch diese Entfernung nicht genügen.

Grenzsaum. Die politische Grenzform primitiver Völker war von
jeher der Grenzsaum. Er gehörte keinem der beiden Grenzvölker,
ja war in den meisten Fällen sogar menschenleer und ist daher nicht
zu verwechseln mit den Übergangszonen an Bewegungsgrenzen, wie
es RATZEL und seine Schule getan haben. Er ist vielmehr ein Fremd-
körper, der sich zwischen zwei anderen Körpern einschiebt und sie
auseinanderhält. In den meisten Fällen hat ihn die Natur selbst

---

der ostschweizerischen geographisch-kommerziellen Ges. in St. Gallen, 1910. —
ROBERT SIEGER, Zur politisch-geographischen Terminalogie; Zeitsch. d. Berliner
Ges. für Erdkunde 1897, S. 497 (die Fortsetzung ist mir noch nicht zu Gesicht ge-
kommen).

[1] Selbstverständlich sind sie physische Linien, also im strengsten Sinne auch
flächenhafte Gebilde, nicht mathematische d. h. eindimensionale Linien.

geschaffen. Wasserflächen, ödes und der Kultur unzugängliches Gelände, vor allem aber Urwälder, die die rodende Hand des Menschen
absichtlich stehen ließ, waren beliebte Mittel, um eine unerwünschte
Annäherung des Nachbarn hintanzuhalten.

Auch auf künstliche Weise entstanden Grenzsäume. Allbekannt
ist jener 50—100 km-breite Ödlandstreifen zwischen China und Korea,
wo jede Niederlassung bei Todesstrafe verboten war und nur an einer
einzigen Stelle dreimal im Jahre Messen abgehalten werden durften.
Ein paar Jahrhunderte erhielt sich diese Einrichtung, die erst 1870
verschwand.

Dieses Beispiel zeigt schon, daß der Grenzsaum nicht nur bei
Naturvölkern, sondern auch bei zivilisierten vorkam. Besonders dort,
wo Kultur und Unkultur zusammenstießen, wie z. B. an der römisch-
germanischen Grenze im Altertum. Stets war es das Schutzbedürfnis,
das zu dieser Art der Ländertrennung durch mehr oder weniger völlige
Abschließung führte. Zweierlei wirkte dagegen: der zunehmende
Verkehr mit den Nachbarn und die wachsende Bevölkerung, die zur
Erwerbung der nutzlos brach liegenden Grenzländereien drängte.
Gebirge, die ursprünglich in ihrer ganzen Breite unbewohnt waren,
wurden vom Rand aus besiedelt, und mancherlei mineralische Schätze
lockten den Menschen immer tiefer hinein und immer höher hinauf
in die bisher gefürchteten Regionen. So schmolz das trennende Grenz-
land immer mehr und mehr zusammen, die Völker rückten einander
näher, aus dem Grenzsaum entwickelte sich die Grenzlinie.
Dieser Prozeß vollzog sich natürlich bald schneller, bald langsamer
und in verschiedenen Ländern zu verschiedenen Zeiten. Bei den alten
Kulturvölkern war er schon seit vielen Jahrhunderten vollendet, als
Germanien noch ganz in der Phase des Grenzsaumes steckte. Aber
auch hier waren es nur die großen Grenzen, die Völker- und Gau-
grenzen, die noch bis tief in das Mittelalter hinein mit Grenzwäldern
umgürtet waren, während die kleinen Grenzen zwischen Äckern und
Hufen schon zur linearen Gestalt übergegangen waren. Erst im
12. Jhrdt. war diese Umwandlung allgemein geworden.[1] In den Neger-
ländern Afrikas war der Grenzsaum, wenigstens zur Zeit der großen
Entdecker in der zweiten Hälfte des vorigen Jahrhunderts, noch
allgemeine Einrichtung und dürfte wohl auch jetzt noch nicht ganz
verschwunden sein. Selbst aus modernen Staatsverträgen ist der
Grenzsaum noch nicht ganz verschwunden. So wurde im Frieden

---

[1] HANS F. HELMOLT, Die Entwicklung der Grenzlinie aus dem Grenzsaume
im alten Deutschland. Histor. Jahrbuch 1896, Bd. XVII, S. 235.

zwischen Frankreich und Siam vom 1. Oktober 1893 festgesetzt, daß in einem 25 km breiten Gürtel am rechten Ufer des Mekong Siam weder befestigte Posten und Militärniederlassungen gründen, noch irgendwelche Truppen halten dürfe.[1] In veränderter Form lebte der Grenzsaum in neuester Zeit wieder auf. Die Pufferstaaten, z. B. Afghanistan und Siam, haben eine Existenzberechtigung dadurch erhalten, daß sie ausdehnungslustige Mächte voneinander trennen. Die Wiederaufrichtung des Königreichs Polen im Jahre 1916 dient einem ähnlichen Zwecke. Der ganze Westrand des einstigen europäischen Rußlands löst sich in Pufferstaaten auf. Auch die neutralen Staaten Europas, besonders Belgien und die Schweiz, können als Grenzsäume in modernisierter Form und angepaßt unseren Kulturverhältnissen aufgefaßt werden. Auch in diesen Fällen war das Schutzbedürfnis der benachbarten Großmächte das treibende Motiv, und man glaubte es dadurch befriedigen zu können, daß man einen Keil dazwischen schob. Wie sehr man sich darin getäuscht hat, hat der Weltkrieg gezeigt. Andere staatliche Grenzgebilde, mit denen sich die Geschichte und die Politik näher zu beschäftigen haben, sind die Marken des alten fränkischen und deutschen Reiches, die Protektorate, die Tributärstaaten u. a.[2]; auch in ihnen schimmert die Idee des Grenzsaumes durch.

Wie eine Erinnerung aus ältesten Tagen in eigenartiger Verquickung mit ganz moderner Auffassung mutet uns die deutsch-französische Grenze an, die nach dem Frankfurter Frieden durch die waldigen Teile gelegt wurde. Eine 4 km breite Lichtung wurde hier ausgehauen, und genau in der Mitte verlief die Grenzlinie. Daß diese nicht etwa eine ideale Linie war und die streifenartige Waldblöße als Grenze gedacht war, davon konnte sich jeder zu seinem Schaden überzeugen, der in der Friedenszeit jene Linie verletzte.

Schatten des Grenzsaumes verfolgen uns noch allenthalben. Jeder Fluß, der zwei Staaten trennt, ist ein flächenhaftes Grenzgebilde, aber die rechtliche Grenze liegt in einer Linie, die entweder am Rande des Flusses oder in diesem selbst verläuft, meist im Talwege, d. h. über der tiefsten Rinne des Bettes. Wenn wir sagen, die Pyrenäen bilden die Grenze zwischen Frankreich und Spanien, so bedienen wir uns der Terminologie einer vergangenen Zeit; in der Tat liegt die Grenze innerhalb der Pyrenäen.

Grenzlinie. Als ein wichtiger Charakterzug muß folgendes hervorgehoben werden. Während die physische Grenze unmittelbar durch

---

[1] A. SUPAN, Die Bevölkerung der Erde, Heft XI, Gotha 1901, S. 52.

[2] Ausführlicher handelt davon Lord CURZON OF KEDLESTON, Frontiers, Oxford 1908, S. 26 ff.

die Natur gegeben ist, indem unbewohnbares — nicht bloß unbewohntes — Gebiet an bewohntes stößt, und während Grenzsäume zwar manchmal durch den Menschen abgegrenzt sind, häufig aber nicht, indem sich zwischen zwei geordneten Staaten wilde, gesetzlose Horden einschieben, ist die Grenzlinie stets das Ergebnis einer Übereinkunft zwischen den benachbarten Völkern. Und ferner: während physische Grenzen und Grenzsäume ihrem Wesen nach ein Ausdruck von Bewegungsvorgängen sind, indem sie die Stellen bezeichnen, wo eine fortschreitende Bewegung ins Stocken gerät, liegen Grenzlinien in der Regel diesseits der Haltestelle. Im Feldzuge von 1870/71 drangen die deutschen Heere weit über die Vogesen vor, und innerhalb des eroberten Gebietes wurde dann im Frankfurter Frieden eine Linie ausgesucht, die den Bedürfnissen des Siegers am besten zu entsprechen schien.

Indem die Linie an die Stelle des Saumes trat, sind die Grenzverhältnisse unstreitig etwas schwankender geworden, was allerdings durch die Fortschritte der Kultur zum Teil etwas ausgeglichen wird. Die Grenzlinie ist empfindlicher, als der Grenzsaum, und schon deshalb bedarf sie einer genauen Fixierung. Ihre Stärke liegt nicht in ihr selbst, sondern in den Kräfteverhältnissen der Nachbarstaaten. In höherem Grade, als die Grenze den Staat, schützt hier der Staat die Grenze. Unter allen Umständen ist die politische Grenzlinie eine Machtgrenze. Ob sie mit anderen Grenzen zusammenfällt oder nicht, kommt nicht in erster Linie in Betracht. Diese anderen Grenzen beziehen sich auf die beiden Grundelemente des Staates, das Land und das Volk, und wir können dementsprechend erdmorphologische und völkische Grenzen unterscheiden und sie zusammen als natürliche Grenzen bezeichnen. Die völkischen haben erst in der jüngsten Zeit die Aufmerksamkeit auf sich gelenkt, und die Forderung, sie müßten die eigentliche Grundlage der politischen Einteilung bilden, ist erst im gegenwärtigen Weltkriege von unseren Feinden aufgestellt worden. Darüber soll an anderer Stelle ausführlicher gesprochen werden. Dagegen hat der Satz, daß sich deutlich wahrnehmbare Änderungen in der Beschaffenheit des Bodens, d. h. erdmorphologische Grenzen, am besten zur Abgrenzung der Staaten eignen, schon seit dem Altertum fast allgemein Anerkennung gefunden und ist auch für die Praxis maßgebend geworden. Ja, wenn man von natürlichen Grenzen sprach, meinte man in der Regel nur die erdmorphologischen. Man stellt ihnen die künstlichen Grenzen gegenüber, die man damit häufig als minderwertig bezeichnen will. Demgegenüber muß nochmals betont werden, daß politische Grenzen ihrem Wesen nach nur Machtgrenzen sind, und daß es lediglich eine Frage der Zweckmäßigkeit ist, ob man sie an natürliche Verhältnisse anlehnen will oder nicht. Seit dem 16. Jhrdt. kann man auch von mathematischen Grenzen sprechen.

Gute und schlechte Grenzen. Bei der Feststellung der politischen Grenzen spricht die Frage nach der Zweckmäßigkeit das erste und letzte Wort. Fassen wir zusammen, was wir über diesen Gegenstand bisher an verschiedenen Stellen gesagt haben. Dreifach ist der Zweck der Staatsgrenze: 1. deutliche Trennung, 2. Schutz gegen feindliche Eingriffe, 3. trotzdem möglichst geringe Störung des Verkehrs der Staaten untereinander. Keine Grenze vereinigt alle drei Eigenschaften in sich, keine ist absolut gut, aber selten ist auch eine absolut schlecht, da die Staaten natürlich bestrebt sein werden, einem so unerträglichen Zustand ein Ende zu machen. Gute und schlechte Grenzen sind relative Begriffe. Die Grenze zwischen Preußen und Österreich zeigt viele schwache Stellen, wie aus der Kriegsgeschichte seit Friedrich d. Gr. genugsam ersichtlich ist, aber seit 1879 kann sie sich mit einem mäßigen Schutz begnügen, weil sie nur mehr verbündete Völker trennt. Die deutsch-russische Grenze war dagegen viel empfindlicher, man braucht nur auf die kriegerischen Ereignisse 1914 und 1915 hinzuweisen. Daß das Meer kein so schützender Mantel ist, wie man früher glaubte, soll an einer anderen Stelle erörtert werden.

Auch die Wüste ist keine sichere Schutzgrenze; der große Zivilisationsunterschied zwischen den Wüstennomaden und den ansässigen Grenzvölkern schafft hier ähnliche Zustände, wie einst das Seeräuberunwesen an den Küsten kultivierter Länder. Als Verkehrsgrenze kommt sie überhaupt nur örtlich in Betracht. Eine ausgezeichnete Schutzgrenze ist das Eis. Die große Ausdehnung von Rußlands polarer Grenze hat zur Folge, daß weite Küstenstrecken ohne militärischen Schutz gelassen werden können; ja man kann sagen, daß ein Reich, wie Rußland, überhaupt nur unter dieser Bedingung möglich ist. Daß die polare Küste dem Verkehre verschlossen ist, und alle Versuche, Asien im N zu umsegeln oder wenigstens einen Eingang in die sibirischen Riesenströme zu gewinnen, mit ein paar Ausnahmen gescheitert sind, ist freilich ein schwerer Nachteil und wiegt den Vorteil der Schutzgrenze wenigstens auf.

Der Grenzsaum unter dem Gesichtspunkt der Zweckmäßigkeit wurde schon oben betrachtet. Welche Grenzlinien als gut oder schlecht zu bezeichnen wären, darüber läßt sich ein allgemeines Urteil nicht fällen[1], sondern es muß jeder Fall für sich erwogen werden. Nur

---

[1] Zwei Arbeiten, die in der letzten Zeit im Hinblick auf den künftigen Friedensschluß in England erschienen sind, vertreten diametral einander entgegen-

das läßt sich sagen, daß, da die meisten von ihnen ein Ergebnis des Krieges sind, ihr Wert für beide Nachbarstaaten nicht der gleiche sein kann. Stets wird die Seite des Siegers begünstigter sein. Erwägt man noch, daß der Wert der Grenzen zeitlichen Wandlungen unterworfen ist, daß jede neue technische Erfindung den größten Einfluß darauf gewinnen kann, so wird man wohl ermessen können, wie verwickelt das Grenzproblem ist.

Natürliche Grenzen. Daß den von der Natur vorgezeichneten Linien, die entweder über die höchsten oder die tiefsten Punkte eines Geländes führen und den Lauf des fließenden Wassers regulieren, stets der Vorzug gegeben wurde, leuchtet ein. Für die älteren Zeiten fällt aber hauptsächlich ins Gewicht, daß sich in Fluß und Gebirge der Übergang vom Grenzsaum zur Grenzlinie naturgemäß vollzieht. Flüsse erfreuten sich stets einer besonderen Beliebtheit, wahrscheinlich deshalb, weil sie weithin erkennbare Trennungslinien sind. Dadurch haben auch kleine Flüsse Bedeutung erlangt, wie z. B. der Rubikon, der in der Zeit der römischen Republik Italien im N begrenzte. Zum Schutz eignen sich nur breitere Flüsse oder solche, die in Sumpfniederungen fließen. Konnten doch selbst der obere Rhein und die obere Donau den militärischen Ansprüchen des römischen Reiches nicht genügen und mußten durch einen Grenzwall jenseits der Flüsse verstärkt werden. Günstig im Sinne des Schutzes wirkt, daß der Landverkehr immer nur an wenige, zum Brückenbau geeignete Örtlichkeiten oder an Furten gebunden ist. Die Gesteinsbeschaffenheit der Ufer ist dafür von wesentlicher Bedeutung. Magdeburgs Lage z. B. ist dadurch bedingt, daß hier zum letzten Male festes Gestein an den Fluß herantritt.

Die große Mannigfaltigkeit in den Gestaltungsverhältnissen der Gebirge macht natürlich auch das Problem der relativ besten Naturgrenzen verwickelt. Die einfachste Lösung bietet das Kammgebirge, wie es z. B. das Riesengebirge eines ist. Der höchste Teil bildet die Wasserscheide und ihr schließt sich die schlesisch-böhmische Grenze an. Aber wenn man genauer zusieht, findet man, daß diese beiden Linien nicht überall haarscharf zusammenfallen. Dort, wo der Rücken breit ist, nimmt nämlich die Wasserscheide die Form eines Grenzsaumes an, und wenn man auch theoretisch annehmen kann,

---

gesetzte Ansichten. Für L. W. LYDE (Types of political frontiers in Europe, Geogr. Journ. London 1915, S. 135) sind Verkehrsgrenzen, für Th. H. HOLDICH (Political frontiers and Boundary making, London 1916) Abschließungsgrenzen das Ideal.

daß innerhalb desselben eine Linie aufgefunden werden könne, die
nördlich und südlich sich bewegendes Wasser trennt, so ist sie in der
Praxis doch wertlos, weil sie nicht erkennbar ist. Mit diesen Eigentümlichkeiten der Wasserscheiden muß man selbstverständlich rechnen,
die politische Grenze verliert etwas vom Charakter einer natürlichen;
in den Geländestreifen, der die Wasserscheide darstellt, muß erst der
Landmesser eine Linie hineinlegen. Nur auf scharfen Kämmen über-
hebt uns die Natur dieser Mühe. Diese sind aber nur auf das Hochgebirge beschränkt, also verhältnismäßig selten. Unsere Anschauungen
von der Natur der Wasserscheiden haben sich gründlich geändert, aber
die politische Geographie hat damit so wenig gleichen Schritt gehalten,
daß selbst ein KJELLÉN[1] noch von einem „Grenzprinzip der Wasserscheide" sprechen und Österreich-Ungarn wegen der Mißachtung dieses
„Prinzips" tadeln konnte. Unzweifelhaft ist die Meinung, daß Wasserscheiden in erster Linie dazu berufen seien, als politische Grenzen zu
dienen, in erster Linie zurückzuführen auf den Grundsatz der alten
Geographen und Kartenzeichner, daß die Wasserscheide stets ein Bergrücken sein müsse. Englische Kartographen füllen noch jetzt wenig
erforschte Länder mit solchen raupenförmig sich hinschlängelnden
Gebirgsketten, die nur in ihrer Phantasie existieren. Die Karten von
Australien z. B. werden dadurch wahre Zerrbilder. Der Great Dividing
Range in Queensland, anscheinend einer der Grundzüge der Boden-
gestaltung des östlichen Australiens, unterbricht in Wirklichkeit nirgends
den Flachlandcharakter des Bodens und verdankt seine Existenz
lediglich dem alten kartographischen Dogma. Selbst im Hochgebirge
sind ganz flache Wasserscheiden, sog. Talwasserscheiden, eine häufige
Erscheinung. Ebenso hat sich die Ansicht als falsch erwiesen, daß
alle großen Kettengebirge sich ganz regelmäßig staffelförmig aufbauen,
daß also die wasserscheidende Kette die höchste ist und die Mitte
einnimmt. In hohem Grade lehrreich ist der chilenisch-argentinische
Grenzstreit, der ein paar Jahrzehnte die südlichsten südamerikanischen
Republiken in politischer Spannung erhielt, sie mehr als einmal bis
an den Rand des Krieges führte und erst 1902 durch den Schiedsspruch des englischen Königs einen befriedigenden Abschluß fand.[2]
Die älteren Verträge von 1881 und 1893 hatten lediglich bestimmt,
daß die Grenze auf dem Hauptkamm und der Hauptwasserscheide
zwischen dem Atlantischen Ozean und der Südsee verlaufen solle,
man hat also angenommen, daß die in Frage stehenden Andes eine

---

[1] Die Großmächte der Gegenwart, S. 9.
[2] Petermanns Geographische Mitteilungen 1903, S. 13.

normale Wasserscheide[1] besitzen. Vom San Francisco- bis zum Perez-Rosalespaß trifft die Voraussetzung auch mit einer einzigen Ausnahme zu, und man glaubte, daß in dem 1881 nur ganz ungenügend erforschten Abschnitte zwischen 41 und 52° B. der Gebirgsbau der gleiche sein werde. Darin hatte man sich getäuscht. Die Wasserscheide ist anomal.[1] Die Zone der höchsten Gipfel, über die die argentinische Regierung die Staatsgrenze legen wollte, ist keine zusammenhängende Kette, sondern ist von zahlreichen Tälern unterbrochen, die ihre Gewässer nach O entsenden. Die Lage war offenbar für die Argentiner günstiger, und der Schiedsrichter konnte nur durch eine aus natürlichen und künstlichen Grenzstrecken zusammengeflickte Linie noch einiges für Chile retten.

Selten bleibt in einem ausgedehnten Kettengebirge die Grenzlinie auf weite Strecken hin der Wasserscheide treu. Manche Geländeschwierigkeiten, auch manche politische Rücksichten, die mit der Geographie nichts zu tun haben, nötigen sie häufig, von einem Kamm auf den anderen zu springen, oder vom Kamm in das Tal hinabzusteigen und es zu durchqueren, dann wieder in die Höhe zu steigen usw. In den Alpen ist eine derartige Überquerung ein außerordentlich häufiger Fall, der mit dem Stufenbau der Täler in innigem Zusammenhange steht. Sie erfolgt stets in dem Talabschnitt, wo das Gefälle steil ist, und die Wände sich schluchtartig zusammenziehen. Solche Talengen sind unzugänglicher, als selbst schroffe Kämme, und gewähren daher vortrefflichen Schutz. Uralte Gemeindegrenzen haben sich an solchen Stellen erhalten. Oft wird nur der Verlauf der Grenze im allgemeinen, nicht die Grenzlinie in ihren Einzelheiten durch die Wasserscheide bestimmt; nur in diesem Sinne darf man z. B. sagen, die Grenze zwischen Sachsen und Böhmen ziehe längs der Wasserscheide des Erzgebirges hin.

Im Flachland ist der Einfluß der Wasserscheide auf die Grenze natürlich viel geringer als im Gebirge, sie tritt dort entschieden hinter dem Flusse zurück, der den Vorzug der deutlicheren Erkennbarkeit besitzt.

Theoretische Naturgrenzen. Wir müssen zum Schluß ein Grenzproblem wenigstens berühren, das in neuerer Zeit viel Beachtung gefunden hat.

Von Zeit zu Zeit erhoben sich bald da, bald dort Rufe nach „natürlichen Grenzen". Wir wollen sie theoretische Naturgrenzen

---

[1] ALEX. SUPAN, Grundzüge der physischen Erdkunde, 6. Aufl., Leipzig 1914, S. 695.

nennen, denn sie wurzeln nicht in der Natur selbst, sondern in gewissen 'Ideenverbindungen. Sie entspringen den unreifen Köpfen welt-
entrückter Ideologen und phantastischer Schwärmer, oder dem reifen
Kopfe eines gewissenlosen Politikers, der nach einem kräftigen populären
Schlagworte fahndet. Solche Geburten kalter politischer Leidenschaft
können eine unheilvolle Kraft entfalten, wenn es ihnen gelingt, der
nackten Eroberungssucht, dem „sacro egoismo", wie sie der ehemalige
italienische Ministerpräsident Salandra („spottet seiner selbst und
weiß nicht wie") genannt hat, ein zwar fadenscheiniges, aber doch
imponierendes wissenschaftliches Mäntelchen umzuhängen. Auf die
Grenze selbst kommt es dabei eigentlich nicht an, sondern auf das,
was sie umschließt, und worauf man im Namen der 'Natur oder des
Volkstums oder der Geschichte Anspruch erhebt.

Zunächst haben wir Frankreichs zu gedenken. Es betrachtet
sich ja als Rechtsnachfolger der alten Gallia transalpina, und deren
Grenzen zur Zeit Cäsars gelten ihm auch heute noch als seine wahren
Grenzen, um so mehr, als sie aus einer fortlaufenden Reihe aus-
gezeichneter geographischer Linien bestehen: Pyrenäen (Golf du Lion),
Westalpen, Rhein. Schon viel Blut ist diesem nationalen Phantom
geopfert worden, und es ist bekannt, daß es auch am jetzigen Weltkriege mitschuldig war. Nur im S und SO ist in der Tat diese
archäologische Grenze erreicht worden, aber nur, weil hier eine An-
passung an die natürlichen Verhältnisse zwanglos stattfinden konnte,
die Rheingrenze wurde aber erst 1801 (Frieden von Luneville) ganz
gewonnen. Jedoch fiel es den Franzosen durchaus nicht ein, nun an
ihren „natürlichen" Grenzen halt zu machen; sie überschritten den
Niederrhein und drangen bis an die Elbe vor, ebenso wie sie ihre
unmittelbare Herrschaft über die Westalpen bis nach Toskana ausdehnten und in Illyrien sogar bis in das adriatische Gebiet hinüber-
griffen.

Welcher Wert derartigen ausgeklügelten „natürlichen" Grenzen
beizumessen ist, lehrt auch die Geschichte Britisch-Indiens in dem
letzten halben Jahrhundert. Den alten theoretischen Anschauungen
entsprach die sog. „wissenschaftliche" Grenze, die der Hauptsache
nach den neuen Grenzabmachungen mit Afghanistan 1879 im Frieden
von Gandamak zugrunde gelegt wurden. Man begnügte sich noch
damit, die Grenze nach W bis auf die Wasserscheide zwischen den
nach O zum Indus und den nach W in das Innere Afghanistans ab-
fließenden Gewässer hinaufzuschieben. Lord CURZON, Vizekönig von
Indien, findet einen solchen natürlichen Schutzwall schon nicht mehr
genügend und fordert „Ein- wie Ausgänge in die Hände der ab-

wehrenden Macht (darunter ist England gemeint!) zu bringen und den Feind zu nötigen, vor dem Durchgang schon die bloße Annäherung zu erringen". Der Verlust von Belutschistan an Britisch-Indien war das Endergebnis dieser neuen Glacistheorie, die CURZON später noch weiter ausgebaut hat. „Indien", sagt er, „ist einer Festung vergleichbar mit dem Ozean als nassem Graben auf zwei Seiten und Gebirgen auf der dritten. Jenseits der Wälle liegt ein Glacis von verschiedener Breite und Ausdehnung. Wir brauchen es nicht zu besetzen, aber wir dürfen nicht zulassen, daß es von einem Feinde besetzt werde. Wir sind ganz zufrieden damit, daß es in der Hand von Verbündeten und Freunden bleibe: aber wenn ein feindseliger Einfluß heranschleicht und sich unter unseren Wällen einnistet, so sind wir zur Intervention genötigt, weil sonst unsere Sicherheit bedroht wäre. Das ist das Geheimnis der ganzen Lage in Arabien, Persien, Afghanistan, Tibet und Siam." Es ist nur eine Konsequenz solcher Ansichten, wenn CURZON kürzlich den Euphrat als die „natürliche" Westgrenze Indiens proklamierte. Wäre sie erreicht, so müßte sie natürlich bis an das Mittelmeer hinausgeschoben werden. Das ist Landhunger, in eine Methode gebracht!

Diese Unersättlichkeit scheint eine Rasseneigenschaft der Angelsachsen zu sein. Sie ist den Vereinigten Staaten nicht minder eigen, als den Engländern. Auch jene riefen immer von neuem nach „natürlichen Grenzen", zuerst war es der Mississippi, dann das Felsengebirge, dann die pazifische Küste. Jetzt ist auch diese Naturgrenze schon überschritten. Dieselbe Expansionsgier drängt nach Süden. Bezeichnend ist das Wort Roosevelts im Jahre 1906: Die Grenzen der Vereinigten Staaten enden effektiv am Kap Hoorn! Das ist das Programm des Panamerikanismus.

Das Beispiel der Großen fand selbstverständlich Nachahmung bei den Kleineren und Kleinen. Auch Italien fand, daß es natürliche Grenzen haben müsse, daß jenseits der heutigen Grenzpfähle ein unerlöstes Italien, eine Italia irridenta, der Befreiung entgegenschmachte. 'Italia fino al Brennero wurde das beliebteste Schlagwort jenseits der Alpen. Die beiden MARINELLI lieferten die wissenschaftliche Begründung, die im wesentlichen darauf hinauslief, daß, da das Adriatische und das Ligurische Meer italienische Meere sind, alle in diese mündenden Flüsse italienische Gewässer seien. Die Hauptwasserscheide der Alpen und der Dinarischen Gebirge sei also die natürliche Nord- bzw. Ostgrenze Italiens. Demgegenüber wurde von deutscher Seite die nicht minder haltlose Ansicht ausgesprochen, daß natürliche (politische) Grenzen dort liegen, wo verschiedene Landschaftstypen aneinander stoßen, in unserem Falle also nicht in der Mitte der Alpen, sondern an ihrem Südrande.[1] Letzten Endes entstammt diese Forderung dem oft ausgesprochenen allgemeinen Satze, der Staat solle, in sein „Naturgebiet" hineinwachsen, es erfüllen, dann seien seine natürlichen Grenzen erreicht. Ja, wenn Naturgebiet ein eindeutiger Begriff wäre! Da aber die Meinungen darüber sich kreuzen, so verhält es sich mit dem Naturgebietsprinzip ähnlich, wie mit dem modernen Nationalitätenprinzip; in beiden steckt ein richtiger Kern, aber beide können, falsch angewendet oder bis in ihre äußersten Konsequenzen verfolgt, eine gefährliche Quelle politischer Unruhe werden. Überdies: wäre jene Auffassung richtig, so wären politische Grenzen nur als Eigenschafts-, nicht als Bewegungsgrenzen zu deuten, was mit allen geschichtlichen Erfahrungen im Widerspruche steht. Jedes Volk hat natürlich ein Recht, eine Verbesserung seiner Grenzen anzustreben, aber kein Volk hat ein Anrecht auf eine ganz bestimmte Naturgrenze. Jede Grenze muß erst errungen, sei es erkämpft, sei es vertragsmäßig erworben werden.

Mathematische und künstliche Grenzen. Die mathematischen Grenzen, die durch Parallelkreise und Meridiane gebildet werden, sind von Haus aus ebenso unkennbar, wie die künstlichen, unterscheiden sich aber von diesen dadurch, daß sie in der Natur (durch Messung) stets wiederaufgefunden werden können, und werden daher von manchen Geographen den natürlichen Grenzen zugezählt. Sie sind zurückzuführen auf die berühmte Demarkationslinie[2], durch die Papst Alexander VI. im Jahre 1493 die nichtchristliche Welt in eine westliche spanische und eine östliche portugiesische Hälfte schied. Der praktischen Ausführbarkeit wurde sie aber erst durch den spanisch-portugiesischen Vertrag von Tordesillas vom Jahre 1494 näher gebracht. Aber die Unvollkommenheit der damaligen mathematischen Hilfsmittel gestattete noch jahrhundertelang keine exakten Längenbestimmungen und Entfernungsmessungen. 1534 fügten dann die Portugiesen in Brasilien die Parallelkreise den Meridianen hinzu[3] und schufen damit jene schachbrettförmige Einteilung der Erdoberfläche, die für die Kolonialländer Nordamerikas und Australiens, in geringerem Grade Afrikas so sehr charakteristisch ist. Diagonallinien, die die Diplomaten, wie man sich erzählt, meist nur mit dem Lineal auf einer beliebigen

---

[1] W. ROHMEDER, Die Naturgrenze Italiens gegen Norden. „Das Deutschtum im Ausland" 1916, H. 28, S. 56.
[2] A. SUPAN, Territoriale Entwicklung der europäischen Kolonien, Gotha 1906, S. 14.
[3] Ebenda, S. 38.

Karte, ohne Rücksicht auf Maßstab und Projektion, zogen, waren eigentlich nur vorläufige Auskunftsmittel und verschwinden mit der Zeit immer mehr. Selbst wenn die geographischen Koordinaten der Endpunkte der Diagonallinie genau bestimmt sind, bleibt diese noch immer unzweckmäßig und gibt zu Streitigkeiten Anlaß. Als eine dritte Art der mathematischen Grenzen nennt CURZON[1] die Distanzgrenzen, die in einer vertragsmäßig festgesetzten Entfernung von einer natürlichen Linie verlaufen. Die Grenze zwischen Kanada und Alaska, von der wir noch sprechen werden, war eine solche. Die mathematischen Grenzlinien haben aber ein zähes Leben, wenn man sie auch in der Regel nur zur vorläufigen Orientierung in unerforschten Erdräumen oder für innere Grenzen anwendet. Die berühmteste mathematische Staatengrenze ist der 49. Parallel, der auf eine Länge von 2000 km vom Lake of the Woods bis zur Juan-de-Fuca-Straße Kanada von den Vereinigten Staaten scheidet.

Soweit die künstlichen Grenzen lediglich auf Vermessung im Gelände beruhen, kommen sie nur auf Karten zur Darstellung und werden daher als unsichtbare bezeichnet. Bedeutung haben sie eigentlich nur auf dem Gebiete des Privatrechts; politische, vor allem Staatsgrenzen, fordern dagegen dringend eine sichtbare Markierung durch Steine, Pfähle u. dgl., die in regelmäßigen Zwischenräumen aufgestellt werden, oder durch Wälle, die den natürlichen Grenzrücken ersetzen sollen. Überall tritt das Bestreben hervor, eine deutlich erkennbare Grenzlinie zu schaffen, sie und das dahinter liegende Land vor Überfällen zu schützen und den Grenzverkehr zu beaufsichtigen. Die berühmteste Kunstgrenze ist die chinesische Mauer, die bis in die sagenhafte Vorzeit hinaufreicht, jetzt aber ihre Bedeutung gänzlich eingebüßt hat und einem unaufhaltsamen Verfall entgegengeht. In einer Länge von 2450 km zieht sie aus der Gegend von Sutschou bis zum Golf von Liautung, zum großen Teil einst wirkliche Backsteinmauer, zum Teil aber auch nur ein lose aufgeschichteter Steinwall. Ein bescheidenes Seitenstück dazu ist der süddeutsche Limes, ein zum Teil mit Pallisaden verstärkter regelmäßiger Erdwall von 542 km Länge, den die älteren römischen Kaiser zwischen Rheinbrohl und Hienheim a. d. Donau hauptsächlich zum Schutze des einspringenden Winkels im Oberlaufe der beiden Grenzströme Rhein und Donau errichteten. Der militärische Zweck trat vielleicht zurück hinter dem der Grenzsperre gegenüber den benachbarten germanischen Barbarenvölkern. Auch an anderen Stellen des römischen Reiches finden sich

---

[1] CURZON, Frontiers, S. 35.

solche Erdwälle; der Hadrianswall gegen die Pikten und Scoten in Großbritannien und die Trajanswälle im Gebiete des Donaudeltas sind die bekanntesten. Letztere haben selbst im rumänischen Feldzuge 1916 noch eine untergeordnete Rolle gespielt. Grenzwälle waren auch später noch beliebt. Viel genannt ist das Danewerk, das im 9. Jhrdt. zwischen der Schlei und der Trave errichtet und später bis zu den Sümpfen von Hollingsted ausgedehnt wurde. Noch 1848 und 1864 wurde darum gekämpft.

Ob Natur- oder Kunstgrenzen, in allen Fällen muß erst eine genaue topographische Aufnahme den Verlauf festlegen. Gegen diesen Grundsatz wurde in zahlreichen Fällen arg gefehlt. Lange Zeit blieb die Staatszugehörigkeit einer wirtschaftlich so wichtigen Örtlichkeit, wie des Galmeiwerks Kelmis-Moresnet (7 km SW von Aachen) unentschieden, und sowohl Preußen wie Belgien übten Hoheitsrechte daselbst aus. Am leichtsinnigsten gingen die Kolonialmächte in Afrika vor; von den Diagonalgrenzen wurde schon gesprochen. Charakteristisch sind auch die elastischen Grenzen in Asien und Afrika, die absichtlich in ganz allgemeinen Ausdrücken beschrieben werden, um sie dann nach Belieben dehnen zu können.

Wie trotz anscheinend genauer Markierung Grenzstreitigkeiten entstehen, zeigen ein paar bekannte Beispiele aus der neuesten Kolonialgeschichte. Der Andesgrenze zwischen Chile und Argentinien wurde bereits gedacht. Da gab eine allzu schematische Auffassung des Gebirgsbaues die Veranlassung. Der Alaskagrenzstreit entstand, weil genaue Maßbestimmungen auf ein ungenau bekanntes Gelände angewendet wurden. Der nach SO sich erstreckende Teil von Alaska, zwischen dem Eliasberg und dem Portland-Channel, sollte nach dem Vertrage von 1825 zwischen Rußland und Kanada so geteilt werden, daß der westliche Küstenstreifen von höchstens 10 „marine leguas" (55653 m) Breite an Rußland bzw. seinen Rechtsnachfolger, die Vereinigten Staaten, fallen solle. Wo aber die Ausgangslinie der Vermessung liege, war unbestimmt gelassen. Kanada verlegte sie an die äußere Küstenlinie, Amerika an die Endpunkte der tief einschneidenden Fjorde; Kanada rückte die Grenze nach W, Amerika nach O.[1] Ein Schiedsspruch verlegte sie 1903 zwischen die beiden Ansprüche, so daß die Lynnstraße, die von dem Endpunkte des gleichnamigen Fjords zu den Klondike-Goldfeldern führt, völlig in den englischen Machtbereich fällt.

---

[1] Siehe das Kärtchen in A. Supan, Bevölkerung der Erde, Heft 12, Gotha 1904, S. 2.

Die Oyabocgrenzfrage beruhte darauf, daß man sich geographischer Namen bediente, ohne genau zu wissen, zu welchen Objekten sie gehören. Der Utrechter Vertrag von 1713 nannte einen Grenzfluß zwischen Brasilien und Französisch-Guayana, aber man konnte ihn nicht mit Sicherheit lokalisieren. Dies geschah erst durch den Schiedsspruch des Schweizerischen Bundesrats von 1900, und Frankreich mußte auf ein Gebiet von 260000 qkm zugunsten Brasiliens verzichten. Das lateinische Amerika ist überhaupt voll von strittigen Gebieten. Fast jeder Staat zeichnet seine Grenzen anders, als die Nachbarstaaten. Die Folge davon ist die größte Verwirrung betreffs der Flächengröße der südamerikanischen Staaten. Manche Grenzstreitigkeiten sind in den letzten Jahren auf gütlichem Wege beigelegt worden, aber es gibt noch genug Ungenauigkeiten zu entfernen. Nur die fortschreitende geographische Erforschung zwingt dazu, unbestimmte Grenzsäume in feste Grenzlinien zu verwandeln und an die Stelle nebelhaft verschwommener Staatsgebilde der Vergangenheit scharf umrissene politische Individuen zu setzen.

Die Größe der Staaten.

Großmächte. Von jeher haben die Menschen — Kultur- wie Naturvölker — die Macht und Bedeutung der Staaten an deren Größe gemessen. Die vergangenen Jahrtausende kannten eigentlich nur extensive Politik, Vergrößerung des Besitzes war der Hauptzweck der Staatskunst; die Herrscher, die sich den Titel „Mehrer des Reichs" beilegten, haben damit ihre Aufgabe unzweideutig ausgesprochen. Die Ehrfurcht vor der großen Zahl, die die Menschen auch im Privatleben beherrscht, sollte auch in dem Begriffe der Großmächte deutlich zum Ausdrucke kommen, eine genauere Untersuchung ergibt aber, daß dieser Begriff einen viel umfassenderen Inhalt hat. Zunächst wurde er überhaupt nur auf die europäische Staatenfamilie angewendet und erst im 18., vor allem aber im 19. Jhrdt. in die politische Terminologie eingeführt. An die Großmächte stellte man freilich in erster Linie die Forderung der Größe, des Überragens über alle anderen europäischen Staaten, aber auch die eines fest begründeten Ansehens, einer großen geschichtlichen Vergangenheit. Indes hat kein Gesetz, kein allgemein anerkannter Völkerrechtskodex vorgeschrieben, welche Staaten als Großmächte anzusehen seien, sondern lediglich die Wucht der Tatsachen hat es bewirkt, daß zuerst Frankreich, Großbritannien, Österreich und Rußland, später noch das Deutsche Reich und Italien

3*

über die anderen Staaten emporgehoben wurden, daß ihnen in allen
Fragen der großen Politik die erste Stimme eingeräumt wurde, und
daß sie gleichsam den europäischen Areopag bildeten. Im europäischen
Konzerte spielten sie die erste Geige. Wie schwankend im Grunde
genommen der Begriff der Großmacht ist, tritt klar zutage, wenn man
ihn auf ältere Geschichtsperioden anwenden will. Spanien, das einst
denselben Rang einnahm, wie jetzt England, Holland, Schweden, die
Türkei haben ihre Rolle als Großmächte ausgespielt, weil sie ihr Hab
und Gut zum größten Teil und damit ihr Ansehen verloren haben,
aber immer ist es nur die öffentliche Meinung, die das Urteil aus-
spricht. Im Leben der Staaten, wie im Privatleben der Menschen
herrscht ein beständiges Auf und Ab, und wir wollen nun sehen,
welche allgemeinen Folgerungen sich aus diesem Wechselspiel ergeben.

Vorgreifend sei noch erwähnt, daß die neueste Zeit noch zwei
neue Großmächte hinzufügte, Japan und die Vereinigten Staaten von
Amerika, so daß die Gesamtzahl der Großmächte jetzt auf acht gestiegen ist.

Räumliche Ausdehnung. Zunächst erhebt sich die Frage, welches
von den beiden Grundelementen des Staates, das Land oder das Volk,
für die Größenbeurteilung maßgebend sei. Die älteren Geographen
traten, wohl instinktiv, für die räumliche Ausdehnung ein, mit vollem
Bewußtsein erst RATZEL, und die Überschätzung des Raumes erscheint
uns als der Grundirrtum seiner ganzen politischen Geographie. Er
ist wohl begreiflich, weil von allen Eigenschaften der Länder die Fläche
allein in einfachster Weise sinnlich wirksam ist. Wenn wir Größenverhältnisse uns vorstellen wollen, nehmen wir immer zur Landkarte
unsere Zuflucht, und da sich die Staaten sehr häufig noch durch
Flächenfärbung voneinander abheben, so wird uns schon in der Schule
der Wahn einer alles überragenden Bedeutung der Flächengröße eingeimpft. Ein gefährlicher Wahn, denn im Grunde genommen ist alle
Eroberungssucht, alle Ländergier der Herrscher und Völker darauf
zurückzuführen. Mehr noch, als andere gesittete Völker, scheinen
die romanischen diesem Rausche zu erliegen. Als im Herbst 1911
Italien Tripolis besetzte, waren in den Schaufenstern aller italienischen
Buchhandlungen Karten ausgehängt, die Italien und die neu erworbene
Kolonie im gleichen Maßstab und in grellroten Farben zeigten. Tripolis
fast viermal größer als das Mutterland, das mußte auf die naiven
Beschauer faszinierend wirken! Dabei wurde nicht einmal gefragt,
ob die Flächenzahlen wohl auch richtig seien, ob die Grenzen von
Tripolis nicht bloß in der Einbildung existieren. Auch uns Deutschen
wurde von den Verfechtern der Kolonialidee immer wieder vorgehalten,

daß unser Ostafrika fast doppelt, unser Südwestafrika $1\frac{1}{2}$ mal so groß sei, wie das Reich, und Kamerun nicht viel weniger. Als ob solche Zahlen an sich schon entscheidend wären! Wenn ich sage, das europäische Rußland war neun- bis zehnmal so groß wie das Deutsche Reich, soll damit gesagt sein, daß es auch um ebensoviel mächtiger war? Das ist in der Tat auch, wenigstens ungefähr, die landläufige Meinung, und man hat sie am Beginn des gegenwärtigen Krieges oft genug ausgesprochen. Wollte man dagegen behaupten, der Raum an sich sei nichts, alles komme auf die Raumerfüllung an, so würde man ebenfalls über das Ziel hinausschießen. Als Frankreich 1763 den Pariser Frieden schloß, gab es Kanada, „einige Morgen Schnee", wie es VOLTAIRE wegwerfend nannte, leichten Herzens hin, und war froh, Guadeloupe gerettet zu haben. Das war töricht, wenn wir bedenken, was Kanada jetzt geworden ist, aber in jener Zeit verständlich, wenn auch nicht berechtigt. Denn die Plantageninsel Guadeloupe war trotz ihrer Kleinheit viel einträglicher, als die weiten Räume Kanadas, die das menschenarme Frankreich nicht zu füllen vermochte. Aber auch heute kann es uns nicht imponieren, daß das Dominion Kanada nahezu so groß ist, wie das konventionelle Europa. Staaten, die am Polargürtel oder an großen Wüstengebieten der mittleren und niederen Breiten Anteil nehmen, müssen mit einem eigenen Maßstab gemessen werden, aber auch für alle anderen Staaten gilt der Satz, daß ihre Areale nicht ohne weiteres miteinander verglichen werden dürfen. Man kann zwischen aktiven und passiven Räumen unterscheiden, und man soll nur aktive mit aktiven und passive mit passiven in bezug auf ihre Flächengrößen miteinander in Vergleich setzen. Es ist freilich schwer, ja es erscheint als schier unmöglich, den Unterschied von aktiv und passiv exakt festzustellen, und man wird sich mit annähernden Methoden zufrieden geben müssen. Die Bevölkerungsdichte kann uns einen Fingerzeig geben. Wir können jene Räume, in denen die Dichte nicht einmal 1 auf das qkm erreicht, als passive bezeichnen. Rußland und Kanada schrumpfen dann erheblich zusammen, Kanada fast auf $\frac{1}{3}$ seiner Gesamtgröße. Auch das französische Kolonialreich, auf das die Franzosen als echtestes Eroberervolk so stolz sind, muß sich eine beträchtliche Reduktion gefallen lassen, denn ihr Einflußgebiet in der großen nordafrikanischen Wüste nimmt $\frac{1}{5}$ des ganzen Kolonialbesitzes ein. Aber auch die passiven Gebiete sind recht verschiedenartig. Manche sind es nur zeitweise und werden sicher mit fortschreitender Besiedelung und Kultur aktiv werden, sie sind Zukunftsräume, und glücklich der Staat, der solche besitzt, denn er kann Expansionspolitik innerhalb seiner Grenzen treiben, er erobert in friedlicher Weise, er wächst nach innen. Welche Aufgaben sind da Rußland gestellt, während es Menschen, Gut und Zeit verschwendet hat, um außerhalb seiner Grenzen zu suchen, was es innerhalb in Fülle besitzt! Als Friedrich d. Gr. die Oderbrüche urbar machte, rühmte er sich mit Recht, eine Provinz im Frieden gewonnen zu haben. Kanada ist ein klassisches Beispiel dafür, was durch intensive Politik erreicht werden kann. Wie viele ausgedehnte Ländereien sind in den letzten Jahrzehnten aus passiven aktive geworden, und dieser Prozeß wird im Mackenziegebiet unaufhaltsam fortschreiten. Aber viele Räume, die wir derzeit als passive bezeichnen, werden es immer bleiben, wenn nicht hier und da durch mineralische Funde plötzlich Wandel geschaffen wird, wie beispielsweise in Klondike. Aber solche wirtschaftliche Umwälzungen werden immer örtlich bleiben und versprechen selten Dauer. Die Gestade des Eismeeres und der Hudsonbai und die umfangreiche arktische Inselwelt sind wohl zu ewiger Passivität verdammt, und solche sterile Räume zählen politisch nicht mit.

Diese Einschränkungen müssen wir uns stets vor Augen halten, wenn wir aus der nachstehenden Tabelle Schlüsse ziehen wollen. Sie enthält die Staaten geordnet nach ihrem Flächeninhalt: bei den Kolonialstaaten sind die Areale der Kerngebiete beigefügt. Die drei großen britischen Dominions sind auch als Staaten mitgezählt, was bis zu einem gewissen Grade berechtigt erscheint. Die konventionellen Großmächte sind durch gesperrten Druck hervorgehoben. In der Gruppenbildung folgen wir RATZEL, der drei Klassen unterscheidet: kontinentale Staaten (über 5 Mill. qkm), mittlere Staaten (0,2 bis 5 Mill. qkm) und Kleinstaaten (unter 0,2 Mill. qkm). Die letzteren haben wir nicht berücksichtigt.

Tabelle A.

Die Reihenfolge der Kontinental- und mittleren Staaten

(in Tausenden qkm).

	Gesamt-fläche	Mutter- bzw. Herrenland
1. Großbritannien	30018	314
2. Rußland	22556	5016
3. China	11139	6242
4. Frankreich	11020	536
5. Vereinigte Staaten	9794	7839
6. Kanada	9659	—
7. Brasilien	8497	—
8. Australischer Bundesstaat	7939	—

	Gesamt-fläche	Mutter- bzw. Herrenland
9. Deutschland	3494	541
10. Südafrikanische Union	3120	—
11. Argentinien	2789	—
12. Belgien	2394	29
13. Portugal . . .	2185	92
14. Niederlande	2080	34
15. Mexiko	1987	—
16. Italien	1920	287
17. Türkei	1795	—
18. Persien	1645	—
19. Kolumbien	1206	—
20. Peru	1137	—
21. Bolivien	1134	—
22. Abessinien	1120	—
23. Venezuela	942	—
24. Spanien	876	504
25. Chile	757	—
26. Österreich-Ungarn	677	—
27. Japan	674	382
28. Siam	600	—
29. Afghanistan	558	—
30. Schweden	448	—
31. Norwegen	323	—
32. Ekuador	307	—
33. Paraguay	253	—

Die Tabelle zeigt, daß für die Großmachtsstellung die räumliche Ausdehnung nicht von ausschlaggebender Bedeutung ist. Nur die Hälfte gehört der Gruppe der kontinentalen Staaten an, und davon fielen zwei, Großbritannien und Frankreich, in früheren Zeiten nur mit ihrem verhältnismäßig kleinen europäischen Kernland ins Gewicht, während die Vereinigten Staaten erst zu den jüngsten Großmächten gehören und ihren Rang jedenfalls nicht ihrem schon beträchtlich älteren ausgedehnten Besitzstande verdanken. Berücksichtigt man dies, so kann man sagen, daß mit Ausnahme Rußlands die Großmächte in die Reihe der mittleren Staaten gehören. Warum China keine Großmacht ist — WAGNER nennt es zwar als solche, aber mit Unrecht, denn es fehlt das wichtige Moment der allgemeinen Anerkennung —, soll später erörtert werden; Brasilien spielt nicht einmal unter den südamerikanischen Staaten die erste Rolle.

Ältere Großstaaten von längerer Dauer waren:

	Tausende qkm[1]
Das spanische Reich unter Karl V.	12 800
Mongolenreich (13. Jhrdt.)	11 000
Kalifenreich (10. Jhrdt.)	10 000
Perserreich (um 500 v. Chr.)	5 600
Römisches Reich (3. Jhrdt. n. Chr.)	5 400
Deutsches Reich (um 1040)	1 000
Assyrisches Reich	900

Die meisten waren zwar kontinentale Staaten im Sinne RATZELS, erreichen aber doch nicht die Ausdehnung der modernen Staaten derselben Größenordnung. Das britische und das russische Reich stehen einzig in der Geschichte da.

Sehen wir aber zunächst von den Großmächten im modernen Sinne ab, weil dieser Begriff jedenfalls nicht bloß räumlicher, sondern komplizierterer Natur ist. Zu allen Zeiten, soweit wir in der Geschichte zurückblicken können, hat es große und kleine Staaten gegeben, und jedenfalls war das auch durch die Natur bedingt. Weite Ebenen bedingten eine andere Staatenentwicklung, als insulare Zersplitterung oder rascher Wechsel von Berg und Tal. Wie immer sie sich aber auch gestaltete, stets und überall strebten die Völker nach Raumerweiterung. Das liegt tief in der menschlichen Natur begründet, und nicht bloß in der menschlichen, sondern in der Natur jedes Organismus, dem der Trieb zur Fortpflanzung eingeimpft ist. Die heranwachsende Nachkommenschaft braucht Ellenbogenfreiheit. Man sollte meinen, daß sich dieses Bestreben in großräumigen Staaten weniger intensiv geltend mache, als in kleinräumigen, aber gerade das Umgekehrte ist der Fall. Wer an einen großen Raum gewöhnt ist, ist weniger gewillt, zusammenzurücken, als der Kleinräumige. Die großen Staaten sind im allgemeinen auch, abgesehen von dem Bewußtsein ihrer Stärke, expansiver als die kleinen, und sie würden diese allmählich völlig aufzehren, wenn sie nicht mit wachsender Größe an innerem Zusammenhang verlören und damit endlich dem Zerfall anheimfielen. Großstaaten werden zu Kleinstaaten, und Kleinstaaten wachsen zu Großstaaten aus. Am Auf- und Abstieg des römischen Reiches lassen sich die einzelnen Phasen auf das Genaueste verfolgen. Das politische Netz, das uns die geschichtlichen Karten zeigen, verschiebt sich fortwährend, und gleichzeitig werden die Maschen

---

[1] G. SCHNEIDERS, Die großen Reiche der Vergangenheit und der Gegenwart, Diss. Leipzig 1904.

bald größer, bald kleiner. Die Schnelligkeit, mit der sich dieser Prozeß vollzieht, hängt von der Beschaffenheit der Bodenunterlage ab. Nichts zeugt klarer gegen die Allgemeingültigkeit des RATZELschen Satzes, daß der beständige Anblick großer Räume den Menschen zur Expansion reize, als die Tatsache, daß z. B. an den Küsten Afrikas Völker jahrtausendelang saßen, ohne zur Schiffahrt angeregt zu werden. Freilich, wenn einmal der erste Schritt auf das Meer hinaus getan ist, und besonders, wenn Land in erreichbarer Ferne winkt, hemmt nichts mehr die Expansionslust. Viel schneller ist .die Wirkung eines weiten Gesichtskreises auf dem Festlande. Man erinnere sich nur an die wiederholten explosionsartigen Ausbrüche mongolischer Horden aus den Steppen und Wüsten Zentralasiens.

Wichtiger als die Raumerweiterung ist die Raumbewältigung. An sich ist der große Raum totes Kapital, man muß ihn erst ausnutzen. Daß darin die großräumigen Völker den kleinräumigen überlegen sind, daß sie namentlich von den schwierigsten Problemen des Verkehrs nicht zurückschrecken, versteht sich eigentlich von selbst. Im Straßen- und in der neuesten Zeit im Eisenbahnbau sind die großen Staaten immer vorangegangen, denn ihnen machte sich die Notwendigkeit dieser Art der Raumüberwindung natürlich am meisten fühlbar. Aber auch in diesem Punkte wirkte der große Raum sehr verschieden auf verschiedene Völker. RATZEL, der zum Preise der „großräumigen Auffassung" nicht genug Worte finden kann, hat eigentlich immer nur die Vereinigten Staaten von Amerika, die er durch jahrelangen Aufenthalt genau kennen gelernt hat, im Auge. Schon das russische Reich zeigt ein anderes Bild, ganz zu schweigen von den Kolonialvölkern Südamerikas oder gar von den Steppen- und Wüstenvölkern der Alten Welt.

Auch in diesem Punkte läßt sich kein zwingender Einfluß der Umwelt auf den Menschen, keine geographische Gesetzmäßigkeit nachweisen.

Kleinräumige Völker entwickeln sich natürlich anders als großräumige. Die Kleinstaaterei mit all ihrem Jammer, den der Deutsche zur Genüge kennt, kann nur in beschränktem Raume gedeihen, aber vergessen wir nicht, welch herrliches Kulturleben in den Stadtrepubliken des alten Griechenlands emporgeblüht ist, während der großräumige Römer in seiner geistigen Entwicklung immer nur ein Schüler des kleinräumigen Griechen blieb. Auch daß die geräumigen Staaten dauerhafter sind, als die engen, kann nicht als allgemeine Regel gelten; Andorra und San Marino sind älter als die gegenwärtigen europäischen Großmächte, und an Beispielen von rasch vergänglichen Großstaaten

ist die Geschichte reich genug; das letzte war das Reich des ersten
Napoleons. Um es kurz zusammenzufassen: der Raum kann ein
wichtiger Faktor im Völkerleben werden, ist es aber nicht an sich.
Vor allem ist der Raum an sich keine Quelle der politischen Macht,
das lehrt China, das heute so ohnmächtig ist, wie irgendein europäischer
Kleinstaat.

Wir müssen also das Rätsel der Großmacht auf einem anderen
Wege zu lösen suchen.

Bevölkerung. Den drei Arealklassen nach RATZELS Vorgang können
wir drei Populationsklassen gegenüberstellen: den Kontinentalstaaten
entsprechen ungefähr solche mit mehr als 100 Mill. Einwohnern; den
mittleren Staaten solche mit 10—100 Mill. Bewohnern, und die übrigen
können wir Kleinstaaten nennen. In der nachstehenden Tabelle
werden wir sie nicht berücksichtigen. Unsere Bevölkerungszahlen
gelten für die Zeit unmittelbar vor dem Weltkrieg und sind dem
Gothaer Hofkalender für 1914 entnommen. Die acht sog. Großmächte
sind auch hier durch gesperrten Druck kenntlich gemacht.

	Gesamtbevölkerung (in Tausenden)	Bevölkerung des Kernlandes (in Tausenden)
1. Großbritannien	422559	45371
2. China	329618	325818
3. Rußland	173360	135327
4. Vereinigte Staaten .	102196	91927
5. Frankreich	85175	39602
6. Deutschland	77213	64926
7. Japan	72206	52985
8. Österreich-Ungarn . . .	51319	—
9. Niederlande	44321	6213
10. Italien	36979	35239
11. Brasilien	24308	
12. Belgien	24424	7424
13. Spanien	20989	20356
14. Türkei	20600	—
15. Portugal	15170	5960
16. Mexiko	15160	—

Vergleicht man obige Tabelle mit der auf S. 38, so fällt sofort
in die Augen, daß die Liste der Großmächte viel mehr mit den Be-
völkerungs- als mit den Flächezahlen übereinstimmt. Von den beiden
Grundelementen des Staates ist also die Bevölkerung das maßgebendere.
Aber dieses Element befindet sich in einem beständigen Fluß; Geburten und Sterbefälle, Zu- und Abwanderung verändern es fort-

während, und damit sind auch die Machtverhältnisse der Staaten, soweit sie von der Volkszahl abhängen, unausgesetzten Verschiebungen unterworfen. Die Vorgänge, die die Statistik unter dem Namen der Bevölkerungsbewegung zusammenfaßt, gewinnen damit eine außerordentliche, noch zu wenig gewürdigte Bedeutung für die politische Geographie. Aber nicht zu allen Zeiten die gleiche. Bis in das 19. Jhrdt. war die Bevölkerungsbewegung weniger stark, weil die Wanderungen verhältnismäßig keinen großen Umfang annahmen. Die Menschen waren seßhafter. Selbst die Periode der Völkerwanderung darf sich mit dem 19. Jhrdt. nicht messen. 1821—1912 sind nahezu 21 Mill. Menschen, hauptsächlich aus Europa, in das Gebiet der Vereinigten Staaten von Amerika hinübergewandert, die mit ihren Kindern und Kindeskindern allein einen ansehnlichen Großstaat bevölkern könnten. Aber auch die natürliche Volksbewegung scheint die Staaten weniger beeinflußt zu haben als in unseren Zeiten; in normalen Zeiten mag die Zahl der Geburten wohl immer die der Todesfälle übertroffen haben, aber häufig mag wohl auch der umgekehrte Fall eingetreten sein. Jedenfalls drückten Kriege, Hungersnöte und weitverbreitete Epidemien, vor allem aber die unhygienische Lebensweise das Durchschnittsalter der Menschen stark herab. Der zuletzt genannte Grund fiel wahrscheinlich am schwersten ins Gewicht und mußte vor allem eine enorme Kindersterblichkeit zur Folge haben. In früheren Jahrhunderten konnten daher die Staaten an Volkszahl nur sehr langsam und ungleichmäßig wachsen. Man kann sich indirekt davon überzeugen, wenn man nach dem Prinzip der Zinseszinsrechnung und unter Annahme einer mäßigen Bevölkerungszunahme die gesamte Menschenzahl für irgendeine ferne Epoche berechnet; man erhält dann lächerlich kleine Zahlen, deren Unmöglichkeit man sofort erkennt.

Im 19. Jhrdt., und namentlich in dessen zweiter Hälfte, macht sich überall eine aufstrebende Lebenskraft geltend. Aber die einzelnen Staaten verhalten sich sehr verschieden. Auch in Europa. Als Beispiel mögen uns die Großmächte um die Wende des Jahrhunderts dienen. Die Zahlen in der folgenden Tabelle[1] beziehen sich auf die Periode zwischen zwei Volkszählungen und bedeuten die Bevölkerungszunahme für ein Tausend der mittleren Bevölkerung. Die letzte Kolumne gibt den Geburtenüberschuß innerhalb eines in Klammern beigefügten Jahres ebenfalls für je ein Tausend der Bevölkerung.

---

[1] Statistisches Jahrbuch für das Deutsche Reich, 1910.

(Kernland)	Letzte Zählung	Zunahme	Geburten- überschuß
Deutsches Reich	1905	14,6	14,0 (1908)
Rußland	1897	13,4	17,7 (1903)
Österreich-Ungarn	1900	9,3	11,3 (1907/08)
Großbritannien	1901	9,0	10,9 (1908)
Italien;	1901	6,9	10,8 (1908)
Frankreich	1906	1,5	1,2 (1908)
Vereinigte Staaten	1900	18,9	?
Japan	1903	13,1	12,2 (1907)

Das Wachstum ist, wie man sieht, sehr ungleichmäßig. An der Spitze stehen die Vereinigten Staaten infolge starker Einwanderung aus Europa. In solchen Einwandererländern kann die Volksvermehrung enorme Werte erreichen — in Kanada z. B. 1896—1906 126,8 f. d. Taus., also fünfmal mehr, als in den Vereinigten Staaten, die ihren Bedarf an Arbeitskräften zum Teil schon gedeckt haben, während Kanadas neu erschlossene Ackerbaudistrikte in der Prärienzone noch mit offenen Armen des Ansiedlerzustroms harren. Es ist aber klar, daß die Bevölkerung solcher jungfräulicher Länder starken Schwankungen unterworfen ist, und daß im Gegensatze dazu die natürliche Volksbewegung einen mehr regelmäßigen Gang zeigt. Aber auch in den Staaten, deren Wachstum hauptsächlich durch den Geburtenüberschuß bestimmt wird, sind beträchtliche Unterschiede wahrnehmbar. In Europa lassen sich drei Gebiete unterscheiden: 1. Das östliche, das Rußland, Rumänien, Bulgarien, zum Teil auch Serbien und Ungarn umfaßt, also die größtenteils von Slawen niederer Kulturstufe besiedelten Ackerbauländer, mit großer Geburten-, aber auch großer Sterbehäufigkeit, 2. das westliche Gebiet, dem Frankreich, die Schweiz, Belgien, die Niederlande, Großbritannien, aber auch die drei skandinavischen Staaten angehören, also das vorwiegend industrielle Gebiet, in dem sowohl die Zahl der Geburten, als die der Sterbefälle unter dem Durchschnittsmaß liegt, und 3. die übrigen Staaten, die (mit Ausnahme von Spanien und Portugal) die Mitte Europas und auch betreffs der natürlichen Bevölkerungsbewegung eine mittlere Stellung einnehmen. Schon daraus geht hervor, daß Geburt und Tod Erscheinungen sind, die durch die wirtschaftlichen und allgemein kulturellen Verhältnisse mitbestimmt werden. Diese Zusammenhänge liegen klar zutage, es gibt aber noch andere Faktoren, über die man sich wenigstens bisher nur vermutungsweise äußern kann. Wir deuten damit auf das Problem der französischen Geburtenarmut hin, die in der gegenwärtigen Welt ohne Beispiel dasteht. Nur die starke Einwanderung rettet Frankreich vor Entvölkerung und gänzlichem Verfall, kann aber sein allmähliches Abwärtsgleiten nicht aufhalten. Das macht sich in zwingender Weise bemerkbar, wenn man darauf achtet, wie rings um das sterile Frankenland reiches Leben emporschießt. 1876, zu Beginn der letzten Friedensperiode, zählte Frankreich 36905788 Einwohner, das Deutsche Reich aber 1875 42727360, jenes verhielt sich also zu diesem wie 100:113. Nach 45 Jahren friedlicher Entwicklung und eines gewaltigen materiellen und politischen Aufschwungs, im Jahre 1911, war Frankreichs Bevölkerung nur auf 39601509 gestiegen, die des Deutschen Reiches aber (1910) auf 64925993, und das Verhältnis beider Nachbarstaaten war nunmehr 100:165. OPPEL[1] hat auf Grund der Erfahrungen bis in die 80er Jahre für das Jahr 1980 Frankreich mit 56,8, Deutschland aber mit 102,4 Mill. Bewohnern berechnet. Die Krankheit, die das französische Volk ergriffen hat, ist überdies ein altes Übel, dem man freilich erst im vorigen Jahrhundert durch regelmäßige statistische Aufzeichnungen auf die Spur kam. Sie erfaßt nicht gleichmäßig den ganzen Staatskörper; es gab bei jeder Zählung Departements, die in frischem Wachstum begriffen schienen. Aber dieses Wachstum war im Grunde genommen nur eine Täuschung, es erfolgte nicht von innen heraus, sondern hauptsächlich durch Zuzug vom platten Lande, und dieses besaß nicht die Kraft, den Menschenverlust zu ersetzen und blieb daher stationär oder fiel sogar der Entvölkerung anheim.[2] Das Grundübel ist die eheliche Unfruchtbarkeit. Man darf das aber nicht als eine verhängnisvolle Rasseneigenschaft betrachten, wie es auf den ersten Blick erscheinen könnte, denn die nach Kanada ausgewanderten Franzosen leiden durchaus nicht daran. Darüber sind alle einig, daß die Ursache in dem in Frankreich in allen Schichten der Gesellschaft herrschenden Zweikindersystem liegt. Man hat schon wiederholt Vorschläge gemacht, wie ein reichlicherer Kindersegen zu erzielen sei, aber alle Bemühungen bleiben erfolglos, geradeso wie im alten Rom. Das legt die Vermutung nahe, daß es nicht mehr im Belieben des einzelnen steht, die Sachlage zu ändern. Es scheint, als ob durch dauernde künstliche Kinderbeschränkung physiologische Vorgänge ausgelöst würden, die hemmend das Fortpflanzungswerk beeinflussen. Wie dem auch sei, das Schicksal Frankreichs scheint besiegelt, eine Regeneration nicht mehr möglich zu sein. Aber schon werden Stimmen

---

[1] A. OPPEL, Die progressive Zunahme der Bevölkerung Europas, in Petermanns Geogr. Mitteil. 1886, S. 134.

[2] A. SUPAN, Die Verschiebung der Bevölkerung in den industriellen Großstaaten Westeuropas, in Petermanns Geogr. Mitteil. 1892, S. 59.

laut, daß es sich hier um mehr als um einen Einzelfall handele. Be-
fürchtungen werden laut, daß der französischen Volkskrankheit eine
Ansteckungsgefahr innewohne. Ängstliche Gemüter verweisen auf die
hoffentlich nur vorübergehende, Abnahme der Geburten im Deutschen
Reich in den letzten Jahren. Im Hinblick auf den oben berührten
Gegensatz von West- und Osteuropa meinen manche, daß ein gewisser
Hochstand unserer europäischen Kultur gesetzmäßig mit Geburten-
abnahme verknüpft sei. Gesetzt, daß dies der Fall sei, verhalten sich
andere Kulturen, wie z. B. die ostasiatische, in ähnlicher Weise? Das
sind natürlich Fragen von größter Wichtigkeit für die ganze Menschheit, aber wir tappen hier noch völlig im Dunkel, und erst jahr-
hundertlange sorgfältige statistische Aufzeichnungen können uns vielleicht der Antwort näher bringen. Wenn ein Staat inmitten wachsender
Staaten stationär bleibt, so treten Folgen ein, wie wir sie jetzt an
Frankreich deutlich erkennen. Dieser Staat, der einst so fest auf
eigenen Füßen stand, wird von nun an immer auf fremde Hilfe angewiesen sein. Schon der Revanchegedanke war ohne Bundesgenossen
nicht mehr ausführbar, aber mit Rußland stand Frankreich doch noch
annähernd im Verhältnis von gleich zu gleich, während es England
gegenüber immer mehr und mehr in eine Vasallenstellung gerät. Seine
Großmachtstellung ist jedenfalls arg gefährdet.

Energie. Die Stärke eines Staates ist, wie wir gesehen haben, in
viel höherem Grade von der Bevölkerung, als von der räumlichen Ausdehnung abhängig. Daß aber auch die Kopfzahl nicht an sich maßgebend ist, lehrt China unwiderleglich. KJELLÉN[1] legt das Haupt-
gewicht auf den Willen zur Macht, fügt aber vorsichtigerweise als
zweite Grundlage einer Großmachtstellung „die eigene Kraft" hinzu.
Und das mit Recht. Willen zur Macht hatten die Balkanstaaten im
Jahre 1912 genug, aber es fehlte die Kraft, um in die erste Reihe der
europäischen Staaten einzurücken. KJELLÉN scheint damit das Rätsel
der Großmacht gelöst zu haben, doch scheint uns seine Formel nicht
ganz in den Kern der Frage zu dringen und nicht einfach genug zu
sein. Beides, Kraft und Wille zum Gebrauche der Kraft, ist in dem
Begriffe der Energie eingeschlossen. Die Menschen, die eine staatliche Gemeinschaft bilden, stellen eine Summe von Energieeinheiten dar.
Die Einheiten sind an sich verschieden, aber dazu tritt noch etwas
anderes. Wie kommt es, daß China mit seiner großen Bevölkerung,
die wir wohl die fleißigste der Welt nennen können, trotzdem nur eine
kleine Energiesumme in die Wagschale werfen kann? Offenbar des-

[1] Die Großmächte der Gegenwart, S. 1.

halb, weil die Energieeinheiten nicht einheitlich orientiert sind und infolgedessen sich durchkreuzen und vielfach gegenseitig hemmen, mit einem Worte, weil die Organisation fehlt. Somit kommen wir zu dem Schlusse, daß die Machtstellung eines Staates von seiner organisierten Gesamtenergie, die durch die Bevölkerung repräsentiert wird, abhängt. Der Raum spielt dabei nur insofern eine Rolle, als er der Energie Möglichkeiten zu ihrer Betätigung bietet.

Großmachtstypen. KJELLÉN unterscheidet deren zwei, einen alten und einen neuen. Jener charakterisiert das Altertum und das Mittelalter, dieser die Neuzeit. Jener hatte die allerdings niemals verwirklichte Tendenz, die ganze bekannte Erde zu umfassen, so daß für zwei Großmächte gleichzeitig kein Raum vorhanden war und der Machtaufstieg der Großstaaten immer erst nacheinander erfolgte, während in der Neuzeit verschiedene Großmächte nebeneinander auftreten. Nur das Reich Napoleons gehört noch dem alten Typus an, es ist in der Tat eine ganz isolierte Erscheinung.

Dieser Betrachtungsweise haftet aber ein Fehler an, in den zuerst RATZEL, dann besonders sein Schüler SCHNEIDER verfallen ist. Es ist logisch unstatthaft, politische Größen mit der Erweiterung des geographischen Horizonts in Beziehung zu setzen. Wenn wir von der bekannten Erde sprechen, so meinen wir immer nur die den Mittelmeervölkern bekannte. Wir denken nicht daran, daß andere Völker ein weiteres Gesichtsfeld überschauen konnten. Wenn wir ausrechnen, daß das römische Reich 9 Proz. der damals uns Abendländern bekannten Erde umschloß, so besagt das politisch sehr wenig. Mochte es auch keinen Rivalen anerkennen und sich allein die Weltherrschaft zuerkennen, so gab es in Wirklichkeit doch (abgesehen von Iran) unzweifelhaft noch einen zweiten altweltlichen Großstaat, das chinesische Reich, und 100 Jahre v. Chr. scheint es sogar schon in direkten Handelsbeziehungen mit dem Westen der Alten Welt gestanden zu haben.

Wenn wir also auch daran festhalten müssen, daß die Erde zu allen Zeiten zwei oder mehrere Großmächte nebeneinander beherbergen konnte und vielleicht auch beherbergt hat, so unterliegt es doch keinem Zweifel, daß sie erst in der Neuzeit näher aneinander gerückt sind. Ebenso gewiß ist es, daß diese Periode ein Ende gefunden hat und damit auch der Großmachtstypus, der nicht nur auf Macht, sondern auch auf allgemeiner Anerkennung beruhte. Ein neuer Typus entwickelt sich in demselben Maße, in dem sich die Staatengemeinschaft über die ganze Erde ausdehnt. Das europäische Konzert ist tot, an seine Stelle tritt das Weltkonzert. Das klingt jetzt freilich noch recht unharmonisch, aber die Not im Völkerringen kann es vielleicht doch allmählich zum geordneteren Zusammenspiel zwingen. In einem solchen Weltkonzert würden die meisten heutigen Großmächte zur Bedeutungslosigkeit herabsinken, und ihre Rolle würde ganz auf die Weltmächte übergehen. Wir verstehen darunter mit RATZEL solche Mächte, „die in allen Teilen der bekannten Erde und besonders auch an allen entscheidenden Stellen durch eigenen Besitz machtvoll vertreten sind". Gegenwärtig gibt es nur eine solche Weltmacht im strengsten Sinne des Wortes: das britische Reich. Rußland könnte sich dazu entwickeln, wenn es Ausgänge zum Indischen und Atlantischen Ozean gewänne. Auch die Vereinigten Staaten von Amerika sehen wir schon auf dem Wege dazu; durch die Annexion der Philippinen traten sie zum ersten Male aus dem engeren Kreise der amerikanischen Politik heraus, und durch die Anteilnahme am gegenwärtigen Kriege greifen sie auch schon über den Atlantischen Ozean hinüber. Neben diesem ozeanischen Universaltypus mag sich auch wohl noch der kontinentale Regionaltypus behaupten, den wir uns als eine Fortsetzung der gegenwärtigen festländischen Großmächte in größerem Maßstabe vorstellen können. Wir werden an einer späteren Stelle dieses Problem noch berühren und zu zeigen versuchen, daß dieser Typus auch in der neuen politischen Weltordnung einen Platz finden kann. Der charakteristische Unterschied von dem gegenwärtig vorherrschenden Großmachtstypus, der in Österreich-Ungarn am schärfsten ausgeprägt ist, wird in seiner viel größeren räumlichen Ausdehnung bestehen. Damit soll etwa nicht einer Eroberungspolitik das Wort geredet werden, vielmehr denken wir an einen freiwilligen, vertragsmäßigen Zusammenschluß kleinerer benachbarter Staaten auf föderativer Grundlage. Dieser Gedanke ist nicht neu; schon in den dreißiger Jahren des 18. Jhrdts. sprach der Kardinal ALBERONI von den Vereinigten Staaten von Europa, und diese Idee ist bekanntlich trotz Völkerhaß und Kriegsgreuel wiederholt wieder aufgelebt. Der gegenwärtige Weltkrieg hat sie zwar, und wohl für immer, begraben, aber andere Kombinationen sind sehr wohl denkbar; NAUMANNS Zukunft-Mitteleuropa mag als Beispiel dienen.

Die Lage der Staaten.

Begriff. Unter Lage schlechtweg verstehen wir in der Geographie die durch Azimut und Entfernung exakt bestimmbare Lage eines beliebigen geographischen Objekts zu einem anderen. In der politischen

Geographie sind diese Objekte die als Einheiten gedachten Staaten, und ihre Lage fesselt nicht an und für sich unser Interesse, sondern hauptsächlich wegen ihrer Rückwirkung auf das Befinden der Staaten, deren Stärke oder Schwäche durch die Lage im hohen Grade mitbestimmt wird. Von diesem Gesichtspunkt aus sind unsere folgenden Betrachtungen zu beurteilen.

In Betracht kommen hier drei Lageverhältnisse, die man kurz als die mathematische, die geographische und die politische Lage bezeichnen kann; sie beziehen sich sämtlich auf das Horizontale, von den Vertikallagen (Hoch- und Tieflandslage) sehen wir hier völlig ab. **Mathematische Lage.** Man kann sie auch die Breitenlage nennen, denn es kommt hier vor allem auf die Entfernung vom Äquator an. Die Breite ist bekanntlich in erster Linie entscheidend für das Klima und damit auch für das menschliche Leben. Die mathematische Lage eines Staates kann man von jeder Karte ablesen; um zu einem schnellen, vergleichenden Überblick zu gelangen, eignet sich am besten eine politische Weltkarte in BABINETscher Projektion, die mit der beliebten Mercatorsprojektion den Vorzug der geraden Parallelen teilt, sie aber wegen ihres Flächentreue für unsere Zwecke weitaus übertrifft. Ein ziffernmäßiger Ausdruck wäre die mittlere Breite des Staates, natürlich unter der Voraussetzung, daß bei Staaten mit weit zerstreuten Bestandteilen (also besonders bei Kolonialstaaten) nur das Kerngebiet in Betracht gezogen werde. Es ließe sich wohl eine Methode finden, um diesen Mittelwert genauer zu bestimmen; wir begnügen uns hier mit einer rohen Annäherung, nämlich mit dem arithmetischen Mittel der Breitenextreme.

Osthälfte.

Arktische Staaten.[1] *Island* 65,5°, Norwegen 64,6°, Schweden 62,4°.

Mittlere Breiten. Rußland (bis Bolwanski Noß) 57,6°, *Sibirien* 56,9°, Dänemark 56,2°, Großbritannien 55,4°, Niederlande 51,8°, Deutsches Reich 51,0°, Belgien 50,5°, Frankreich 47,7°, Österreich-Ungarn 46,5°, Schweiz 46,5°, Rumänien 45,9°, Serbien 44,0°, Bulgarien 42,5°, Italien 41,7°.

Subtropische Breiten: Spanien 39,9°, Portugal 38,5°, Griechenland 38,2°, Afghanistan 38,9°, Japan 38,8°, China 34,6°, Persien 31,3°, Türkei 28,6°.

Tropische Breiten: *Indien* 21,5°, Siam 12,0°, *Australien* —26,8°.

---

[1] Größere Kolonien sind gesondert aufgezählt und durch Kursivschrift kenntlich gemacht.

Westhälfte.

Gemäßigte Breiten: *Kanada* (bis zur Murchisonspitze auf Boothia felix) 57,0⁰.

Subtropische Breiten: Vereinigte Staaten 39,0⁰.

Tropische Breiten: Mexiko 23,7⁰, Zentralamerikanische Staaten 11,6⁰, Kolumbia 6,4⁰, Venezuela 5,9⁰, Ekuador −1,8⁰, Peru −10,8⁰, Brasilien −14,8⁰, Bolivien −16,5⁰,

Subtropische Breiten: Paraguay −24,8⁰, Uruguay −24,8⁰, Chile −36,8⁰, Argentinien −38,6⁰.

Alles staatliche Leben beruht auf Interessengemeinschaft irgend-welcher Art, und eine solche kann sich nur dort entwickeln, wo die Menschen näher aneinandergerückt sind. Die Voraussetzung hierzu ist das Vorhandensein einer genügenden Menge von Nahrungsmitteln, und somit ist im Grunde jede Staatenbildung durch Bodenbeschaffen-heit und Klima bedingt. In der polaren Zone erlischt sehr bald jede staatliche Organisation und dann jedes menschliche Leben überhaupt. Eine besonders bemerkenswerte Ausnahme bildet die isländische Pforte, in die die nordatlantische Strömung (Golfstrom) eine' breite Wärme-zunge in die arktische Welt hineinstreckt. Die Vegetationslinien, die Baum- und Getreidegrenzen schmiegen sich mit weiter nördlicher Ausbuchtung den Isothermen an, und hier ist es auch, wo hohe germanische Kultur und alte staatliche Entwicklung am weitesten gegen den Pol vorgedrungen ist. Eine ähnliche Ausnahmestellung wird vielleicht einmal auch das Land am Mackenziefluß erringen. Ungünstig für das Heranwachsen größerer politischer Gebilde wirkt aber nicht nur die Kargheit der polaren, sondern auch die Überfülle der tropischen Natur. Nur darf man diesem Satze nicht eine zu scharf betonte Allgemeinheit geben. An und für sich ist das Tropenklima der Entwicklung menschlicher Kultur und damit auch der Staatenbildung nicht feindlich. Die Geschichte liefert dafür, wenn auch nicht zahlreiche, so doch unwiderlegliche Beispiele. Moderne tropische Staaten gibt es fast nur in der Neuen Welt, sie sind aus dem spanischen und portugiesischen Kolonialreich hervorgegangen, sind also sekundäre Staatenbildungen, gleichsam europäische Ableger. Aber die Spanier fanden hier auch zwei autochthone Staaten, das Azteken-reich in Mexiko und das Inkareich in den südamerikanischen Andes. Besonders das letztere hat durch seine räumliche Ausdehnung und seine vortreffliche Organisation fast den Rang einer amerikanischen Großmacht erreicht. Aber beide Staaten waren nur vermöge ihrer Breitenlage tropisch, ja das der Inka sogar äquatorial, ihrer Höhenlage nach aber nahezu gemäßigt zu nennen. Außerdem hat ihr Klima einen ausgeprägt trockenen Charakter und gerade darin liegt das Entscheidende. Soweit sich in den Tropen hohe Wärme mit intensiver Feuchtigkeit paart, soweit herrscht Urwald, und dieser ist überall kulturfeindlich, nicht minder als die Wüste. Gerade das tropische Amerika liefert dafür einen sprechenden Beweis. Zunächst mag es paradox erscheinen, wenn wir die beiden Extreme der Vegetationstypen in ihren Wirkungen einander gleichstellen, um so mehr, als Waldbedeckung gerade der Ausdruck höchster Bodenfruchtbarkeit ist. Die Kulturfeindlichkeit des Urwaldes ist darin begründet, daß er dem primitiven Menschen feindlich entgegentritt. Das unheimliche Düster, das eine Menge Schrecknisse und Gefahren in sich zu bergen scheint, wirkt auf den Naturmenschen nicht minder abschreckend, als die unendliche Einsamkeit einer Sandwüste oder das wild brandende Meer. Das alles sind Naturhemmungen, deren Überwindung selten einem kühnen Wagnis, häufiger erst allmählicher Angewöhnung von Generationen gelingt. Der Urwald scheint besonders hartnäckig zu sein. Man darf es wohl als allgemein gültiges Gesetz aussprechen, daß die Kultur stets von dem offenen Gelände ausging und allmählich in den Wald eindrang. Damit verblaßte auch allmählich die Scheu vor diesem, aber nicht bei allen Völkern schwand sie völlig, und nur bei wenigen wandelte sie sich in Liebe, und erwachte das Verständnis für die segensreiche Rolle, die dem Wald im Haushalt der Natur zufällt. Dem Deutschen ist das gelungen, während der Romane seine manchmal bis zum Haß sich steigernde Abneigung schwer überwinden kann. Das Verhältnis des Menschen zum Urwald erklärt es auch, daß die Kultur in der Alten Welt in den subtropischen Breiten ihren Ursprung nahm. Hier liegen die beiden ältesten Staaten, von denen uns die Geschichte sichere Kunde gibt, Babylonien und Ägypten. Beide in regenarmen, fast regenlosen Flußniederungen, die aber durch regelmäßige alljährliche Überschwemmungen einen hohen Grad der Fruchtbarkeit erreichen. Das genügt jedoch nicht; das segenspendende Element muß erst durch Kanäle und andere technische Einrichtungen planmäßig verteilt und in andere, entferntere Gegenden hinübergeleitet werden. Außerdem mußten die Feldmarken, die die Überschwemmung verwischte, immer wieder hergestellt werden. Darin lag ein hohes erzieherisches Moment, das zur Eigentumssicherung, Arbeitsteilung, zu Gemeinsinn führte, also kurz gesagt die Grundlagen staatlicher Ordnung schuf. Weiter nördlich, wie in den Mittelmeerländern und in großen Teilen Vorderasiens, ist zwar die jährliche Regenmenge groß genug, daß man einer natürlichen Bewässerung,

4*

wie der des Nil und des Euphrat, entbehren kann, aber ihre jährliche
Verteilung, die ihren Tiefstand im Sommer erreicht, macht doch
überall künstliche Bewässerung nötig, und führte also schließlich, wenn
auch langsamer, zu ähnlichen Kulturwirkungen, wie in Babylonien
und Ägypten. Erst nachdem die Kultur in den subtropischen Breiten
festen Fuß gefaßt hatte, trat sie ihren Marsch in die Urwaldzonen an.
Einerseits nach S, vom oberen Indus in das Flachland am Ganges,
und von Nord- nach Südchina, anderseits nach N, in den breiten
Waldgürtel, der Europa und Asien vom Atlantischen bis zum Großen
Ozean bedeckt. Hier ist der Rodungsprozeß seit Beginn des Mittelalters bis auf unsere Tage im Gange.

Langsamer, als die Kultur an sich, verschiebt sich das, was wir
das politische Gebiet nennen können, d. h. die Summe aller Länder
mit höher entwickeltem staatlichen Leben. Für sie hat in der Gegenwart
die mathematische Lage nur insofern Bedeutung, als sie ihren wirtschaftlichen Charakter in dessen wesentlichen Grundzügen, aber nicht
ausschließlich bestimmt.

Geographische Lage. Wir verstehen darunter die Lage irgend-
eines geographischen Objektes zu einem anderen beliebigen geographischen Objekt. Nach dieser Definition sind die geographischen Lageverhältnisse von unabsehbar mannigfaltiger Art. Für uns kommen
nur wenige in Betracht, von Bedeutung ist im Grunde nur die Lage
eines Staates zu verkehrfördenden oder verkehrhemmen-
den Oberflächenformen. Die wichtigste davon, die in beiden Richtungen wirkt, ist das Meer. Wir ziehen es aber vor, davon später, im
Zusammenhang mit der politischen Lage, ausführlicher zu sprechen.
Ein anderes verkehrhinderndes Element erster Ordnung ist die Wüste.
Ihre gewaltige Ausdehnung wird nur dadurch gemildert, daß sie nicht,
wie das Meer, das Fruchtland allseitig umflutet, sondern fleckenweise
auftritt. Trotzdem wirkt sie in hohem Grade abschließend. Die
Atlasländer und Tripolis sind völlig isoliert. Seine jahrtausendelange
Absonderung von dem Kulturleben der Alten Welt verdankt das
tropische Afrika außer seiner ungegliederten Inselgestalt vor allem
auch seiner Lage zu beiden Seiten des saharischen Wüstengebietes.
Eine Lücke schafft nur das Niltal, und hier sind in der Tat auch abend-
ländische Gesittungselemente bis nach Abessinien eingedrungen. Viel
länger, als das Meer, hat die Wüste den Überwindungsversuchen des
menschlichen Genius widerstanden, aber allgemach wird sie doch
durch die Eisenbahn dem Verkehr geöffnet werden. Früher schon
ist die Hochgebirgsschranke durchbrochen worden. Die Alpen sind
für Deutschland und Italien immer von Bedeutung gewesen, aber dank

ihren mäßigen Höhen, ihren tief eingekerbten Kammeinschnitten, ihren vielfach verzweigten Talsystemen und ihren häufigen Talwasserscheiden unterbrachen sie in geschichtlicher Zeit niemals völlig den Verkehr. In wie ganz anderer Weise fällt für Indien die Lage am Himalaja ins Gewicht! Die Scheidung der Neuen Welt in eine atlantische und eine pazifische Abdachung hat bisher nur deshalb keinen tiefgreifenden Einfluß auf die politische Entwicklung Amerikas ausgeübt, weil der Stille Ozean eine verhältnismäßig tote See war. Aber schon beginnt sich auch hier frisch pulsierendes Leben zu regen, das asiatische Gegengestade erwacht, Japan nimmt eine immer drohendere Gestalt an, und wenn einmal der pazifische Verkehr ähnliche Dimensionen wird angenommen haben, wie jetzt der atlantische, dann wird der Hochgebirgswall der Andes und des Felsengebirges trotz Eisenbahnen und Panamakanal seine trennende Gewalt zu voller Geltung bringen.

Verkehrfördernd sind die Flüsse in erster Linie dadurch, daß sie dem Menschen bestimmte Richtungen bis zum Meere anweisen. Erst in zweiter Linie wirkt ihre transportierende Kraft, denn diese ist häufig durch Wassermangel oder Wasserüberfluß, durch Hindernisse im Strombett, durch Riffe, Sandbänke, Stromschnellen, Katarakte und Wasserfälle gehemmt oder lahm gelegt. Aber immer ist die Flußlage für den Staat von Bedeutung. Österreich-Ungarn gründet zum großen Teil darauf seine Existenzberechtigung und wird daher mit Recht als Donaustaat bezeichnet. Maßgebend ist die Richtung; seit den frühesten Zeiten der Geschichte funktionierte die Donau als der von der Natur vorgezeichnete Weg aus Mitteleuropa nach dem Orient, obwohl sie zur Schiffahrt erst nach und nach tauglich gemacht wurde und auch jetzt noch nicht allen idealen Anforderungen völlig entspricht. Felsenriffe, an denen das Wasser in wirbelförmige Bewegung gerät, und Ungleichmäßigkeit des Gefälles sind hauptsächlich schuld daran. Es ist natürlich für jeden Staat ein Bedürfnis, seine Flüsse ganz in seiner Hand zu haben, und es ist ein ernstlicher Übelstand, wenn ein schiffbarer Fluß politisch zerrissen ist. Das ist leider das Schicksal des Rheins. Quellgebiet, Hauptlauf und Mündung liegen in verschiedenen Staaten. So kann dieses herrliche Stromland mit seinen reichen Schätzen für Deutschland niemals seinen vollen Wert erlangen. Daß die Mündung in fremden und noch dazu nicht immer in Freundeshänden liegt, ist dabei das Schmerzlichste. Anderseits erlangen die Niederlande durch den Besitz des Rhein- und Scheldedeltas eine Bedeutung, die ihnen sonst nicht zukommen würde. Die Donau teilt mit dem Rhein das gleiche Schicksal, und Rumäniens

Machtstellung fußte wenigstens zum großen Teil darauf, daß es das Donaudelta beherrschte.

Politische Lage. Grenzt ein Staat an einen oder mehrere andere Staaten oder an einen sonstwie beliebigen menschenerfüllten Raum, so befindet er sich in einer Nachbarnlage, im anderen Falle ist er isoliert.

Die Schweiz und Neuseeland können als die äußersten Extreme politischer Lagerungsverhältnisse gelten; jene ist ringsum von mächtigen Staaten eingeschlossen, dieses liegt 18—1900 km vom nächsten australischen Staat entfernt mitten im Weltmeere. Zwischen diesen Extremen vermitteln mannigfache Übergänge. An die küstenfernen Inseln vom Typus Neuseelands reihen sich zunächst die küstennahen Inseln an, für die Großbritannien das bekannteste Beispiel ist. Die staatliche Entwicklung hat hier ganz andere Wege eingeschlagen, als auf_den küstenfernen Inseln. Dort wirkte die Nähe des Festlandes mit magischer Anziehungskraft. Großbritannien erlag ihr im Mittelalter, Japan erliegt ihr heutzutage. Großbritanniens Politik hatte von jeher einen Januskopf. Das eine Gesicht blickte hinaus über das Weltmeer in ferne Länder, das andere auf das nahe Gegengestade, wo, gegenüber der Themsemündung, im Rheindelta sich die Haupteingangspforte nach Mitteleuropa öffnet. Diese Zwiespältigkeit ist das Schicksal aller Staaten mit langem maritimen Rande. Den insularen ist noch die Möglichkeit einer Wahl gegeben. Japan steht jetzt auf dem Scheidewege; soll es sich noch tiefer in die kontinentale Politik verstricken oder soll es seine Zukunft auf dem Großen Ozean suchen?

Unter ganz ähnlichen Bedingungen stehen die Halbinsel- und die Randstaaten. Diese sind mit dem Festland eng verbunden, aber an einer oder an ein paar Seiten reichen sie ans Meer. Eine Unterart davon bilden die Isthmusstaaten, die zwei Meere berühren, wie Frankreich. Zur Charakterisierung der Lage eines Staates ist vor allem notwendig, das Verhältnis von Meeres- und Landgrenzen ziffermäßig festzustellen. Leider können wir diese Aufgabe nur für den größten Teil der europäischen Staaten lösen und auch hier nur an der Hand der Ausmessungen von STREBBITSKI, für deren Richtigkeit wir nicht volle Bürgschaft übernehmen möchten. Aber in der prozentischen Umrechnung, die folgender Tabelle zugrunde liegt, dürften die Mängel wohl größtenteils verschwinden.

Die Staaten Europas zerfallen also in zwei Gruppen: in eine maritime mit einem Übergewicht der Meeresgrenzen, und eine festländische mit vorwiegenden Landgrenzen. Die Küsten der zu den Halbinsel-

| | v. H. der ganzen Küstenlänge | | Maritimität |
	Meeres- grenzen	Festland- grenzen	$\left(\dfrac{\text{Meeresgrenzen}}{\text{Landgrenzen}}\right)$
Großbritannien . .	100	—	∞
Griechenland (1882) .	93	7	13,4
Dänemark (Jütland) .	92	8	11,4
Norwegen . . .	89	11	10,1
Schweden	78	22	3,5
Spanien	69	31	2,2
Italien	66	34	1,9
Europäisches Rußland .	65	35	1,8
Frankreich	63	37	1,7
Niederlande	51	49	1,0
Portugal . .	51	49	1,0
Deutsches Reich.	36	64	0,5
Österreich-Ungarn	22	78	0,3
Rumänien (1882)	9	91	0,1
Belgien	7	93	0,007
Schweiz	—	100	0

und Randstaaten gehörigen Inseln sind nicht mitgezählt. Der Begriff der Maritimität kann als ein exakter Ausdruck des Anteils eines Staates am Meere angesehen und bei Vergleichen gebraucht werden, charakterisiert aber keineswegs erschöpfend die natürliche Seegeltung der Staaten. Es dürfte auffallen, daß sich unter den maritimen Staaten auch das europäische Rußland befindet, das wir doch sonst als den hervorragendsten kontinentalen Typus zu betrachten gewohnt waren; In bezug auf Maritimität übertrifft es sogar Frankreich. Dieses überraschende Ergebnis dürfte sich auch dann nicht wesentlich ändern, wenn wir — wie es auch aus sachlichen Gründen richtig wäre — das ganze russische Reich in die Rechnung mit einbeziehen würden. Trotzdem hilft ihm die verhältnismäßig hohe Maritimitätsziffer nicht viel, weil über die Hälfte seiner Küsten einen großen Teil des Jahres vom Eise blockiert sind und die übrigen nur durch schmale Meeresstraßen, zu denen andere Staaten den Schlüssel in den Händen haben, in den offenen Ozean hinausgelangen können. Es ist schon längst allgemein anerkannt, daß Rußlands Geschick darin begründet ist, und daß seine Geschichte seit Peter d. Gr. sich daraus erklärt. Die hohe politische Bedeutung der Meerengen wird daraus ohne weiteres verständlich; sie sind wie die Landengen, auf die wir weiter unten zu sprechen kommen werden, von Natur aus zu politischen Aktionszentren bestimmt.

Auch unsere Ansichten von dem Werte der maritimen Lage haben sich geändert. Gewiß hat sie ihre großen Vorteile, aber doch

nur unter gewissen Voraussetzungen. Wir sprechen hier zunächst
von der isolierten maritimen Lage. Die Engländer haben, seitdem
sie ein großes Seevolk geworden, in der Inselnatur ihres Landes, also
in ihrer natürlichen Isoliertheit, die Wurzel ihrer Stärke, ihrer Macht
und ihres Ansehens erblickt. Aber dabei wurde manches vergessen,
woran erst der gegenwärtige Weltkrieg etwas unsanft erinnert hat.
Allerdings bedeutet jede Meeresküste, die insulare so gut wie die
kontinentale, Isolierung, aber zugleich auch unmittelbare Verbindung mit allen anderen Meeresküsten der Erde, mit Ausnahme
des größten Teiles der polaren. Ein Küstenvolk kann mit einem anderen
unmittelbar in Krieg geraten, und die Gefahr ist um so größer, je näher
sie einander sind. Ein Krieg zwischen Spanien und der Schweiz ist
undenkbar, wohl aber einer zwischen Spanien und Italien. Das Meer
an sich bietet keinen Schutz, sondern nur eine starke Flotte. Der
Inselstaat hat also vor dem Binnenstaat nicht das geringste voraus,
beide sind auf militärischen Schutz angewiesen. Am ungünstigsten
ist die Lage der Halbinsel- und Randstaaten, sie bedürfen ebenso
eines Landheeres wie einer Flotte. Der Deutsche weiß, wie kost-
spielig eine doppelte Rüstung ist, aber die eine auf Kosten der anderen
zu vernachlässigen, könnte noch teurer zu stehen kommen. Die
Vasallenstellung, in die Frankreich gegenüber England geraten ist, erklärt sich einfach daraus, daß es eine zu kleine Flotte hatte, um seine
Küsten selbst zu decken. Italien mit seiner langen Küste steht nahezu
in einem ähnlichen Abhängigkeitsverhältnis' zu Großbritannien, und
die beschämende Machtlosigkeit, zu der sich Griechenland in dem
gegenwärtigen Weltkriege verurteilt sah, war hauptsächlich darin begründet, daß es sich ohne genügende Rücksicht auf seine hohe Maritimität zu viel in kontinentale Händel einließ. Mit Recht hat Großbritannien sich nicht allein auf seine isolierte Lage, die eine mehr-
malige Unterwerfung von der europäischen Gegenküste aus nicht verhindern konnte, nicht ohne weiteres verlassen, sondern alle seine
reichen Mittel angewendet, um sich durch eine starke Flotte das Übergewicht auf dem Meere zu sichern. So konnte es den übermütigen
Gedanken fassen, die feindlichen Küsten durch eine Blockade völlig
zu isolieren. Glücklicherweise stimmte die Rechnung nicht ganz. Es
ist nicht allzuviel Gewicht darauf zu legen, daß auch die stärkste Flotte
ein Land gegen die Angriffe der Luftschiffe und Flieger nicht zu
schützen vermag — das mag erst in Zukunft einmal von größerer
Bedeutung werden —, viel wichtiger ist es, daß Deutschland in seinen
Tauchbooten ein Mittel fand, die britische Seegewalt tatsächlich illu-
sorisch zu machen. Durch das nordatlantische und mediterrane Sperr-

gebiet ist England samt seinen Satelliten in Wirklichkeit, wenn auch nicht völlig, isoliert. Ein Blockadering um einen Blockadering — das ist in der Tat etwas Neues. Der Wert der maritimen Lage in Friedenszeiten bleibt nach wie vor ungeschmälert, aber im Völkerkampfe hat er doch eine beträchtliche Herabminderung erfahren.

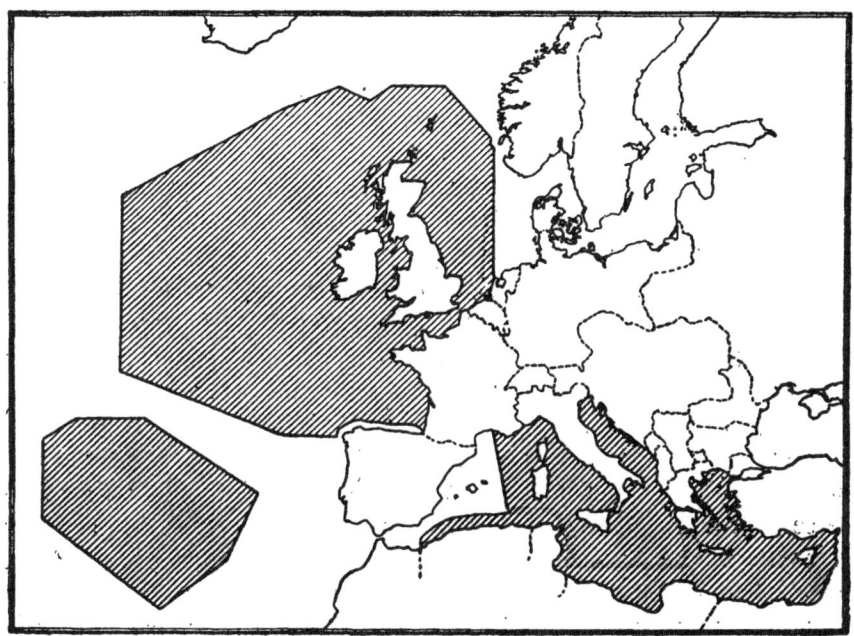

Das deutsche Sperrgebiet 1917.

Letzten Endes beruht die Eigentümlichkeit der maritimen Lage auf der Einheit des Weltmeeres. Aber ganz vollständig ist diese nicht. Um den Nordpol dehnt sich eine große Eisschranke aus. Man hat wiederholt die bevorzugte Lage der britischen Inseln darin zu erblicken gemeint, daß sie nahezu die Mitte der Landhalbkugel einnehmen. Diese früher allgemein verbreitete Ansicht ist, wenn wir nicht irren, durch PENCK berichtigt worden. Die arktische Eisschranke versperrt England den nördlichen, kürzesten Weg nach der pazifischen Welt. Die Geschichte der Entdeckungen erzählt uns von den angestrengten und wiederholten Bemühungen der Engländer, eine nordwestliche Durchfahrt zu finden; sie führten zu wichtigen wissenschaftlichen Erfolgen, aber zu keinen praktischen, und jahrhundertelang waren die britischen Schiffe genötigt, die Südspitzen Afrikas und Südamerikas zu umsegeln. Der Durchstich des Isthmus von Suez öffnete endlich den kürzeren

Weg zum Indischen Ozean, und der Panamakanal wird Europa in
bequeme Verbindung mit dem pazifischen Amerika setzen. Auf die
politische Wichtigkeit der Landengen wurde schon aufmerksam
gemacht; sie steigt natürlich um so höher, je wichtiger die Erdräume
sind, die sie trennen. Der Suezkanal ist unstreitig eine der bedeut-
samsten Erdstellen und für Großbritannien geradezu ein Grundpfeiler
seiner Weltmacht. Diese geographische Lage teilt aber mit Suez die
ganze weitere Umgebung, soweit sie die Gelegenheit zur Anlage kurzer
und bequemer Landwege aus dem Mittelmeer zum Roten Meer und
zum Persischen Golf, also ebenfalls zum Indischen Ozean bietet. Die
schicksalschwersten Probleme der Weltpolitik harren hier ihrer Lösung.

Das wichtigste dieser Durchgangsländer war und ist Ägypten.
Seit der Gründung Alexandriens war dieser Hafenplatz wiederholt
der Knotenpunkt des Verkehrs zwischen dem Abendland und Ostindien. Durch die Entdeckung des Seeweges um das Kap der guten
Hoffnung wurde es einige Zeit in den Schatten gestellt, aber der
Suezkanal erweckte es wieder zu neuem Glanze. Aber es ist nicht die
Weltlage allein, die Ägypten so sehr auszeichnet. Es ist auch ein
neuer Typus der isolierten Lage. Was die Inseln im Meere sind,
sind die Oasen in der Wüste, und Ägypten ist nichts anderes als eine
Oase. An allen Landseiten umgeben es Wüsten, und machen es schwer
angreifbar. Die libysche im W ist nahezu völlig unzugänglich, und die
Sinaiwüste, durch die einst die Israeliten wanderten, setzt einem von
Syrien heranrückenden Feind die ernstesten Hindernisse entgegen.
Napoleon, der einst auf seinem Zuge nach Ägypten diesen Weg ein-
schlug, hat sie zur Genüge kennen gelernt, und auch die Angriffspläne
der Türken im gegenwärtigen Weltkriege scheinen daran gescheitert
zu sein. Nur Eisenbahnen könnten hier eine Wendung herbeiführen,
und in der Tat sollen die Engländer mit dem Gedanken umgehen, ihre
Herrschaft über das Niltal durch Anlage eines Schienenstranges durch
die Sinaiwüste nach Südpalästina gegen die von W drohenden Gefahren zu schützen.

Den direkten Gegensatz zur isolierten Lage bildet, wie schon oben
erwähnt, die Binnenlage. Ihre Schwäche macht sich vor allem im
Frieden geltend, indem sie das Land vom überseeischen Verkehr ab-
schließt. In Kriegszeiten bietet sie gegenüber der maritimen Lage
den Vorteil, daß sie ferne Feinde nicht zu fürchten braucht. Die
Schweiz kann militärisch nie in einen Krieg mit Amerika verwickelt
werden, wie z. B. gegenwärtig das Deutsche Reich. Die Aufgabe eines
Binnenstaates besteht darin, mit seinen Nachbarn Frieden zu halten
und sich um Welthandel nicht zu kümmern. Freilich gelingt ihnen

das nur, wenn sie nicht zugleich den Charakter von Pufferstaaten haben. Die Schweiz, die die Erbfeinde Frankreich und Deutschland trennt, befindet sich in einer recht übeln Lage. Afghanistan ist gänzlich von den politischen Beziehungen Englands zu Rußland abhängig. Die Zahl der Binnenstaaten ist, von den ganz kleinen, wie Liechtenstein, Andorra u. dgl. abgesehen, gering; WALSER zählte 1910 unter 53 selbständigen Staaten nur 8, die das Meer nicht erreichen.

Den Übergang von der Rand- zur Binnenlage bildet die Mittellage. Nur eine Seite ist gegen das Meer offen, alle anderen sind von Staaten begrenzt. Die beiden mitteleuropäischen Großmächte sind typische Vertreter dieser Art.

Druckquotient. Jeder nicht isolierte Staat befindet sich gewissermaßen im Belagerungszustande, wenn dieser auch hauptsächlich nur in Kriegszeiten eine reelle Bedeutung gewinnt, sich aber auch in Friedenszeiten durch Zollschranken fühlbar machen kann. Die benachbarten Staaten üben, entsprechend ihrer Macht, einen Druck aus, auf den der umgrenzte Staat mit einem ebenfalls seiner Macht entsprechenden Gegendruck antwortet. Wir können dafür einen mathematischen Ausdruck finden, den wir den Druckquotient nennen wollen. Er geht hervor aus der Division der Bevölkerungssumme aller unmittelbaren Nachbarstaaten durch die Bevölkerungsziffer des umgrenzten Staates.[1]

Druckquotient der Großmächte vor dem Kriege:

Großbritannien	0
Vereinigte Staaten	0,2
Italien.	2,7

---

[1] Beispiel: Das Deutsche Reich (64 926 000 Einw.).

Nachbarstaaten	Tausende
Dänemark	2 775
Niederlande	6 213
Belgien	7 424
Luxemburg	260
Frankreich.	39 602
Schweiz	3 753
Österreich-Ungarn	59 390
Russisches Reich	173 360

$$284\,777 : 64\,926 = 4,4$$

Das russische Reich, als eine geographische Einheit, drückte im Gegensatze zu Frankreich mit seiner ganzen Volksmasse auf das Deutsche Reich. Bekanntlich haben im Weltkrieg auch sibirische Regimenter wiederholt gegen unsere Truppen gefochten.

Russisches Reich	3,1
Frankreich.	3,3
Deutsches Reich	4,4
Österreich-Ungarn	5,7
(Japan	7,5[1])

Druckquotient einiger europäischer Mittel- und Kleinstaaten vor dem Kriege:

Spanien	2,2
Norwegen	2,4
Portugal.	3,7
Niederlande	11,7
Belgien	14,8
Dänemark	23,4
Rumänien	30,8
Schweden	30,8
Schweiz	50,9

Wie man sieht, ist der Druckquotient ein genauer Ausdruck der politischen Lage. Die Reihenfolge ist: isolierte, Halbinsel-, Rand-, Mitte-, Binnenstaaten. Aber Druck wird nicht bloß durch die unmittelbar angrenzenden Nachbarn ausgeübt, sondern auch von nahegelegenen Inselstaaten. Die Niederlande spüren lebhaft den englischen, China den japanischen Druck; mit der Entfernung nimmt dieser Druck, den das Meer gleichsam wie ein elastisches Medium fortpflanzt, ab, und wir gelangen endlich zu einer verschiebbaren Linie, wo Druck und Gegendruck sich aufheben. Der transmarine Druck ist, wenn auch zeitweise heftig, doch niemals so intensiv und andauernd wie der kontinentale. Die Druckwirkung hängt auch ab von der Stärke des Gegendruckes, den der betreffende Staat ausübt, und der zunächst von dessen Bevölkerungsziffer bestimmt wird. Mittel- und Kleinstaaten sind einem stärkeren Drucke ausgesetzt, als Großstaaten, und ihre Existenzbedingungen werden dadurch wesentlich erschwert. In diesem Punkte scheint der von SALISBURY ausgesprochene Satz, daß große Staaten immer größer und kleine immer kleiner werden, einige Berechtigung zu haben. Nur darf man nicht vergessen, daß die kleinen durch Zusammenschluß der ihnen drohenden Gefahr entrinnen oder sie wenigstens verringern können. Das ist übrigens nicht die einzige Möglichkeit. Ein Staat a, der zwischen b und c liegt, kann sich des Druckes von

---

[1] Japan kommt hier nur insofern in Betracht, als es durch den Besitz Koreas und die immer mehr sich erweiternde Machtstellung in der Mandschurei dem Drucke von seiten Chinas und des russischen Reiches ausgesetzt ist. Früher war der Druckquotient 0.

b auch erwehren, wenn der von *c* ausgehende in entsprechendem Maße steigt. Darauf beruht die Existenz vieler Pufferstaaten, von denen wir schon auf S. 24 gesprochen haben, und KJELLÉN sieht in der „Pufferpolitik geradezu eine Lebensversicherung für kleine Staaten". Darauf kann auch zurückgeführt werden, daß Randstaaten, die ja nur unter einem einseitigen Drucke stehen, eine Gegenstütze· jenseits des Meeres suchen; KJELLÉN sucht auf diese Weise das Abhängigkeitsverhältnis Portugals von England zu begründen, und man könnte diese Erklärung auch auf die „Entente cordiale" zwischen Frankreich und England anwenden.

Der Druckquotient ist eine veränderliche Größe. Die Volkszahl ist nur ein Faktor, und zwar derjenige, den wir am leichtesten ziffermäßig erfassen können, aber wir haben bereits oben unter Hinweis auf China betont, daß sie für die Energie eines Staates nicht allein maßgebend ist. Das hindert aber nicht, ihr eine hervorragende Wichtigkeit bei der Beurteilung der Stärke und damit der Druckkraft eines Staates zuzuerkennen. Wenn es auch der Politik nicht immer gelingen wird, dem Anwachsen des Druckes von außen einen Riegel vorzuschieben, so bleibt es doch stets die Aufgabe, der sich kein Staat entziehen darf, den Gegendruck von innen immer mehr zu verstärken. Kinderreichtum ist der sicherste Weg dazu. Das Schicksal Frankreichs mit seiner langsam wachsenden Bevölkerung mag uns zur Warnung dienen. Der russische Druck darf niemals schneller wachsen, als der deutsche Gegendruck.

Aus dem allen geht hervor, wie wichtig die Lage eines Staates für die Beurteilung seines Stärkegrades ist. Daß Deutschlands schwächster Punkt seine Mittellage ist, ist uns niemals mehr zum Bewußtsein gekommen, als im gegenwärtigen Weltkriege.

Die Struktur der Staaten im allgemeinen.

Die Teilchen fester Körper werden durch Molekularkräfte zusammengehalten. Dies ist der innere Zusammenhalt oder die Kohäsion. Je nachdem sie stark oder schwach ist, ist der Zusammenhalt fest oder locker. Die Materie kann aber auch nur durch Druck von außen vorübergehend verfestigt werden, dauernd aber nur dann, wenn der Druck dauernd ist, oder wenn sich Kohäsion dazu gesellt. Ganz so verhält es sich mit dem Staatskörper.

Jeder Staat besteht aus zwei Grundelementen, Land und Volk. Eine völlige Einöde kann wohl, wie zum Teil die Sahara, Teil eines

Staates sein, aber niemals ein selbständiger Staat. Ebensowenig kann ein Volk ohne Land einen Staat bilden. Wir sehen es heutzutage an den Juden und Zigeunern. Nur gesellschaftliche Verbindungen sind möglich, die manchmal, wie bei gewissen Zigeunerhorden, den Schein eines Staates mit mehr oder weniger fester Bindung unter einem Oberhaupt annehmen. Es gibt auch große gesellschaftliche Organisationen, die vorübergehend wirkliche staatliche Gewalt ausübten oder auszuüben trachteten, wie die katholische Kirche, aber notwendigerweise überall mit den wirklichen Staaten, an die sie durch den Boden gefesselt waren, in Streit geraten mußten. Das Streben der Päpste, durch Landerwerb wenigstens in beschränktem Maße staatliche Existenz zu gewinnen, ist daher wohl begreiflich.

Jedes der beiden Grundelemente setzt sich wieder aus Teilen zusammen. Ihr Zusammenhalt ist entweder ein äußerer oder ein innerer oder beides zugleich.

Äußerer Zusammenhalt. Es galt lange Zeit als Grundsatz, daß ein Staat durch dieselben Mittel erhalten werden müsse, durch die er gegründet wurde. In den meisten Fällen hat äußere Gewalt ihn geschaffen, und äußere Gewalt mußte ihn zusammenhalten. Noch jetzt kommen bei Völkern niederer Kulturstufe Staatenbildungen auf diese Weise zustande. In den von AVELOT[1] treffend geschilderten „Pseudostaaten" Afrikas, die meist von beträchtlichem Umfang sind, ruht die Macht in den Händen eines kriegerischen Stammes, dessen Häuptling im ganzen Gebiete Tribut erhebt und im Kriege den Oberbefehl führt. Mit vielfachen Abstufungen war diese Art äußeren Zusammenhalts auch bei den zivilisierten Völkern bis in die Gegenwart verbreitet; wir brauchen nur die Staatsformen Despotismus, Absolutismus, Polizeistaat zu nennen.

Andere monarchische Staaten haben einen friedlichen Ursprung in Heiratsverträgen, Erbteilungen u. dgl. Von Österreich galt lange Zeit der lateinische Vers „Bella gerunt allii, tu felix Austria nube". In solchen und ähnlichen Fällen mag die ererbte Anhänglichkeit des Volkes an das Herrscherhaus den äußeren Zwang bis zu einem gewissen Grade ersetzen. Besonders dann, wenn sich das Volk an einen geliebten Herrscher während einer langen Regierungszeit gewöhnt, ja gewissermaßen ihm angeschmiegt hat. Das hohe Ansehen, das sich Kaiser Franz Josef weniger durch hervorragende Geistesgaben, als durch männliches Ertragen eines namenlos leidvollen Schicksals überall, im In- wie im

---

[1] Les grands mouvements des peuples en Afrique. Bull. geogr. hist. et desc. 1912, S. 75.

Auslande, erworben hat, galt vielen als das festeste Band, das die österreichisch-ungarische Monarchie zusammenhielt; und nicht nur deren Feinde glaubten, sondern auch nicht wenige Österreicher fürchteten, der Staat werde den Kaiser nicht lange überleben. Daß diese Erwartungen nicht eintrafen, beweist uns, daß die Doppelmonarchie nicht bloß auf die Person des Monarchen gestellt ist. Wir müssen uns immer zuerst nach inneren Zusammenhängen umsehen, die allein eine Gewähr für längere Dauer bieten.

Auch geographische oder politische Lage spielen dabei keine unwesentliche Rolle. Jene darf man freilich nicht überschätzen. Selbst die insulare Lage hindert nicht die politische Zersplitterung. Wie lange hat es gedauert, bis Großbritannien zu einer Einheit heranwuchs: England ist mit Schottland erst durch die Thronbesteigung der Stuarts im Jahre 1603 dauernd zusammengefügt worden. Wirksamer ist manchmal der politische Druck. Selbst lockere oder sogar morsche Staatengebilde können dadurch längere Zeit vor Zerfall bewahrt werden, wie ein loser Steinhaufen durch einen festen Bretterzaun. Die Türkei hatte ihren Fortbestand mehr als einmal nur der Eifersucht fremder Mächte zu danken, von denen keine Konstantinopel und den Besitz der Meerengen der anderen gönnte. Aber es muß nochmals betont werden, daß äußerer Zusammenhalt niemals auf die Dauer genügt.

Innerer Zusammenhalt. Was die Teilchen eines Staatskörpers im Innern aneinander kettet, ist ihre eigene Beschaffenheit und die Art ihrer Anordnung, mit einem Wort, ihre Struktur. Entsprechend der Zusammensetzung des Staates aus Land und Volk haben wir eine physische und eine völkische Struktur zu unterscheiden. Selbstverständlich umfaßt die physische Struktur alles, was zum Boden gehört, in erster Linie dessen Formen, aber auch die Gewässer, das Pflanzenkleid und das die gesamte organische Welt bedingende Klima. Zwischen Land und Volk findet eine ununterbrochene Wechselwirkung statt, aber es ist ungemein schwer, ja vielleicht unmöglich, diesen Knäuel in einzelne Fäden zu entwirren. So unendlich viel auch darüber geschrieben und gesprochen wurde, so wenig ist gesagt worden. Der Grund liegt darin, daß wir den einen Hauptfaktor in dem Verhältnis von Land und Leuten, den menschlichen Geist, nicht mit naturwissenschaftlicher Exaktheit zu fassen vermögen. Nur in einem Punkte gelingt es wenigstens annähernd, das Geheimnis der wechselseitigen Beziehungen von Natur und Mensch zu entschleiern: in der Volkswirtschaft. Und da diese für die Wertschätzung eines Staates gerade das Ausschlaggebende ist, werden wir uns darauf beschränken. Wir unterscheiden demnach in der politischen Geographie dreierlei Strukturen: eine physische, eine völkische und eine wirtschaftliche. Jede kann entweder homogen oder heterogen sein, und es wird zu untersuchen sein, wieweit sie die Stärke des Staates beeinflußt.

Die physische Struktur der Staaten.

Physisch-homogene Staaten. Da Mannigfaltigkeit der Grundzug unserer Erdoberfläche ist, so ist zu erwarten, daß es mehr heterogene als homogene Staaten gibt. Das trifft auch zu. Wenn wir unter physischer Homogenität Gleichartigkeit der Bodenformen verstehen, so kommt sie vorwiegend nur Kleinstaaten zu, wie Andorra oder San Marino und wenigen Mittelstaaten, von denen Norwegen (322900 qkm) und Nepal im Himalaja die größten sein dürften (140000 qkm), und nur einem Großstaat: Rußland vor 1917. Aber die drei zuletzt angeführten Beispiele kann man schon nicht mehr im strengsten Sinne des Wortes zu den homogenen Staaten zählen; Norwegen verflacht sich im S von Kristiania, Nepal reicht mit einem ausgedehnten, wenn auch politisch wenig bedeutenden Streifen in die Tieflandregion des Taraï hinein, und das europäische Rußland hatte an den Ost- und Südostgrenzen namhafte Gebirge. Aber durch solche untergeordnete Störungen des homogenen Charakters dürfen wir uns nicht beirren lassen, wir müssen vielmehr die Frage so stellen: ist der betreffende Staat, als Ganzes betrachtet, homo- oder heterogen? Nur so können wir den Gegensatz dieser beiden physischen Strukturen erfassen. Die Niederlande bleiben ein homogener Tieflandstaat, den jüngsten geologischen Bildungen angehörig, wenn sie auch mit ihrem südlichsten Zipfel an den Vorstufen des Rheinischen Schiefergebirges Anteil nehmen.

Gliederung der Staaten. Jedes größere Gebiet muß man, schon um zu einer Übersicht und Ordnung zu gelangen, in kleinere Teile zerlegen, diese wieder in kleinere usw. Der Politiker teilt den Staat willkürlich oder mit Rücksicht auf geschichtliche Zusammenhänge oder mit Benutzung natürlicher Grenzen in Verwaltungseinheiten, die verschiedene Namen führen, wie z. B. Provinzen, Départements, Grafschaften, Kreise usw. Die Schulgeographie mag aus praktischen Gründen diesem Beispiel in beschränktem Maße folgen, die wissenschaftliche Geographie hat aber keine Veranlassung dazu. Den Staat können wir nicht umgehen, wollen wir nicht in Weltfremdheit verfallen, ihn halten wir als oberste Einheit fest. Aber gerade deshalb, weil wir ihn in seiner Natur ergründen wollen, müssen wir seine Einteilung auf eine natürliche Grundlage stellen. Denn die Einteilung soll ja nicht bloß praktisch wirken, sie soll auch erklären. Daher bleibt sie stets die erste Aufgabe des beschreibenden Geographen. Nur wer ein großes oder kleines Stück der Erdoberfläche gut eingeteilt hat, zeigt damit, daß er es auch verstanden hat. Gut ist aber eine Einteilung nur dann, wenn sie die ganze Struktur des betreffenden Stückes bloßlegt, wie der Anatom das Innere eines organischen Körpers. Wie ist aber dieses Ziel zu erreichen?[1] Im 18. Jhrdt., als man sich mit dieser Frage zu beschäftigen anfing, legte man das Schwergewicht auf die Grenzbestimmung. Die Naturgebiete, die man an die Stelle der politischen Räume setzte, erwiesen sich als solche dadurch, daß sie sich durch natürliche Grenzen voneinander absonderten. Ihren Höhepunkt erreichte diese Methode in BUACHES Essai de géographie physique (Paris 1756), wo die Erdoberfläche in eine Reihe von Becken zerfällt, die durch meridionale und ostwestliche Gebirgsketten voneinander getrennt werden. Da man alle Wasserscheiden als Gebirge ansah, waren solche in genügender Zahl vorhanden. Von diesen und ähnlichen Phantasiegemälden hat uns KARL RITTER befreit. Er ging nicht von schematischen Naturgrenzen aus, sondern forderte zuerst das Studium der ganzen Landoberfläche, die sich dann von selbst in Naturgebiete, d. h. Komplexe von gleichartigem geographischen Charakter, auflöste, die RITTER bezeichnenderweise geographische Individuen nannte. Ihre Grenzen ergaben sich dann von selbst, sie waren im Gegensatze zu der älteren Auffassung nicht das Wichtigste, sondern von sekundärer Bedeutung. Aber immerhin, Grenzen — es brauchen nicht Grenzlinien zu sein —, sind notwendig, sollen nicht die Naturgebiete ineinander zerfließen und überhaupt eine Einteilung zustande kommen. Es ist aber klar, daß die Schwierigkeit einer solchen wachsen muß, je tiefer man in die Details eindringt. Wer den Begriff eines geographischen Individuums auf die Gesamtheit der geographischen Charaktere gründet, muß natürlich darauf gefaßt sein, daß der eine diesem, der andere jenem Charakterzug den entscheidenden Vorrang einräumt. Nicht einmal RITTERS Individuen erster Ordnung, die Erdteile, sind unangefochten geblieben. Seine Methode, obwohl von einem richtigen geographischen Grundgedanken ausgehend, ermangelt der Exaktheit und bedarf daher nach dieser Richtung hin dringend des Ausbaues.

Bemerkenswert ist ein Versuch, den PASSARGE[2] gemacht hat.

---

[1] HÖLZEL, zit. S. 5.
[2] Die natürlichen Landschaften Afrikas, Petermanns Mitteilungen 1908, S. 147, 182, Taf. 13.

Er nennt die Naturgebiete sehr passend natürliche Landschaften und schließt daher den Menschen und dessen Kultur als etwas Fremdartiges von der Betrachtung aus. Dann teilt er Afrika nach natürlichen Gesichtspunkten ein, und zwar 1. nach der geologischen Zusammensetzung, 2. nach den orographischen und geomorphologischen Verhältnissen, 3. nach den Abdachungen und Flußsystemen, 4. nach dem Klima, 5. nach den Wasserverhältnissen, 6. nach der Vegetation, 7. nach Verwitterung und Bodenbildung und 8. nach der Tierwelt. Diese Einteilungen werden kartographisch dargestellt, und so erhält man eine Anzahl von Gebieten, von denen sich einige teilweise decken und deren Grenzen bald annähernd parallel verlaufen, bald sich kreuzen, im allgemeinen aber doch entweder mit der morphologischen oder mit der Klimakarte einige Übereinstimmung zeigen. Oberflächengestaltung und Klima sind also die vornehmsten Gesichtspunkte, die uns bei der Aufstellung natürlicher Landschaften leiten müssen. Darauf müssen wir freilich verzichten, daß sie ein völlig einheitliches Gesamtbild geben, aber da sie, wenigstens zum Teil, in ursächlichen Wechselbeziehungen stehen, so ist auch nicht zu erwarten, daß sie ganz verschiedene Bilder liefern werden. Immerhin muß man einem von ihnen den Vorzug geben; welchem, das muß von Fall zu Fall entschieden werden. Die geographischen Faktoren zweiter Ordnung, vor allem die Wasserverhältnisse und die Vegetation, können dabei ein ausschlaggebendes Wort sprechen.

Jedenfalls muß der Mensch einen Einteilungsgrund für sich bilden. Jede Struktur muß für sich behandelt werden, so daß wir zu einer dreifachen Einteilung der Staaten gelangen: 1. in natürliche Landschaften, 2. in völkische Provinzen und 3. in Wirtschaftsgebiete. Trotzdem auch sie nicht völlig unabhängig voneinander sind, so würde eine Vermengung doch in den meisten Fällen mehr verwirren als klären, also mit einem Worte unwissenschaftlich sein.

Und noch eines. Bisher spielte bei allen Einteilungen die Festlegung von Grenzlinien, wenn auch nicht die Hauptsache, so doch eine höchst wichtige Rolle. Man hat sich natürlich gesagt, daß solche scharfe Grenzen, wie sie der Kartograph zeichnet, in der Natur nicht vorkommen, man hat zwischen zwei Gebieten Übergangsgebiete eingeschoben, aber auch diese in völlig unlogischer Weise scharf umrissen. Von dieser Sucht nach linearen Grenzen müssen wir uns frei machen, auch bei den Landschaften. Es gibt geschlossene und offene Landschaften. Jene sind ringsum von Gebirgen umrahmte Becken, wie z. B. Thessalien, diese sind durch Grenzsäume von verschiedener Breite voneinander getrennt. Es gibt auch Landschaften, die nach

einer Seite offen, nach der anderen geschlossen sind, wie beispielsweise die oberrheinische; es gibt auch solche, wo die Umschließung
gewissermaßen nur angedeutet ist. Die Variationen sind unendlich,
aber immerhin kann an der obigen Zweiteilung festgehalten werden,
und man kann sich die Mühe sparen, Grenzlinien der Natur auf-
zuzwingen, wo in Wirklichkeit keine vorhanden sind. Für planimetrische
Ausmessungen sind solche Konstruktionen allerdings unumgänglich,
aber auch in diesem Falle kann man den natürlichen Verhältnissen
gerecht werden, wenn man sich nur mit ungefähren Angaben der
Flächengröße offener Landschaften begnügt.

Gliederung physisch-homogener Staaten. Es liegt im Wesen der
physisch-homogenen Staaten begründet, daß die Oberflächenformen
bei der Einteilung nur geringe Berücksichtigung finden können, und
daß die Gliederung daher nur schwach akzentuiert ist. Rußland ist
bis zu den Grenzgebirgen Ural und Kaukasus ein unterbrochenes
Flachland, das im O bei Chwalynsk nur 390 und im W, in der Waldai-
höhe, nur 320 m Seehöhe erreicht. Die Höhenschichtenkarte zeigt
allerdings Erhebungen und Vertiefungen, aber sie gehen so allmählich
ineinander über, daß sie sich dem Auge überall nur als eine einzige
Ebenheit darstellen. Im Winter verschärft die ununterbrochene
Schneedecke noch diesen Eindruck. Aber Flußanordnung, Klima und
Vegetation bieten genug Kontraste, um auf ihnen eine deutliche
Gliederung in offene Landschaften zu gründen. In ihren Hauptzügen
ist sie so deutlich, daß sie sich nach A. von MEYENDORFS Versuch im
Jahre 1841 nicht wesentlich geändert hat, ja sogar mit wenigen Ab-
änderungen in der völkischen und wirtschaftlichen Gliederung wieder-
kehrt. Ihre meridionale Anordnung wird durch das Klima bedingt.
Die nordrussische Landschaft wird hauptsächlich durch ihre beträchtliche Polhöhe und die nördliche Abdachung, die zentralrussische durch
ihre beckenartige Gestalt und den östlichen Verlauf ihres Haupt-
flusses, der Wolga, die baltische durch die westliche Abdachung zur
Ostsee charakterisiert. Alle drei gehören dem großen nordeuropäischen
Waldgürtel an. Die südrussische Landschaft, die nach O bis zu dem
Bergufer der Wolga und den sich daran anschließenden Ergenihügeln
reicht, dacht sich nach S ab und trägt den fruchtbaren Schwarzerde-
boden mit steppenartiger Vegetation. Die fünfte Landschaft, jenseits
der Ergenihügel und zwischen Wolga und Ural gelegen, können wir
die kaspische nennen, weil sie zum großen Teil trocken gelegter Boden
des ehemaligen Kaspischen Meeres ist und auch heute noch unter dem
Meeresspiegel liegt. Streng kontinentales Klima, Regenarmut und
daher Abflußlosigkeit und dürftige Steppenvegetation sind die Grund-

züge dieser Landschaft, die um so kräftiger individualisierend hervortreten, als wenigstens im W und NO eine deutliche orographische Um-
rahmung vorhanden ist. Im O fehlt dagegen jede natürliche Grenze.
Es mag schließlich noch hervorgehoben werden, daß jeder der auf-
gezählten Landschaften durch ihre mathematische und geographische
Lage bestimmte Züge aufgeprägt sind, die ihre kulturelle und politische
Entwicklung wesentlich beeinflußt haben und noch beeinflussen.

In Norwegen kommt trotz nicht unbeträchtlicher meridionaler
Erstreckung dem Klima keine so sondernde Bedeutung zu, wie in
Rußland. Der Grund liegt darin, daß dort die nordatlantische
Strömung, die das Klima in erster Linie bestimmt, die ganze Küste
bespült. Die Kristianiaebene als eine selbständige Landschaft aufzufassen, erscheint wegen ihrer geringen Ausdehnung als unpassend,
um so greller treten aber Fjord und Fjeld als landschaftliche Gegensätze hervor. In den Niederlanden sind Oberflächenform und Klima
zu einförmig, um zu einer Gliederung des Staates herangezogen werden
zu können; an ihre Stelle treten die Bodenarten, und eine Einteilung
in Dünen-, Marsch- und Geestlandschaften scheint hier am zweck-
mäßigsten. Alle diese Beispiele bekräftigen den oben ausgesprochenen
Satz, daß sich der Geograph in physisch-homogenen Ländern von
jedem schematischen Verfahren völlig freihalten muß.

Physische Heterogenität. Sie liegt in dem Oberflächenbau begründet, und dieser ist auch der wichtigste erdphysikalische Faktor,
der die Gliederung bedingt. Die übrigen Faktoren treten nur aus-
nahmsweise und nur sekundär in Wirksamkeit. Aus der Definition
ergibt sich schon, daß alle heterogenen Länder aus zwei oder mehreren
Landschaften bestehen. Zu den zweigliederigen ist nichts weiter
zu bemerken. Die südamerikanischen Staaten des Westens sind fast alle
von dieser Art. An die Gebirgslandschaft schließt sich eine Tiefebenen-
landschaft an. Etwas komplizierter ist die Struktur Italiens. Deutlich
treten im festländischen Italien zwei Glieder hervor; die Tiefebene des
Po und die peninsulare Apenninenlandschaft, aber die letztere gliedert
sich wieder in eine Reihe Unterlandschaften, so daß man versucht sein
könnte, Italien eher zu den mehr-, als zu den zweigliederigen Ländern
zu zählen. Doch dürfte das letztere zutreffender sein und die physische
Struktur des Staates besser zum Ausdruck bringen, um so mehr,
als auch die anderen Faktoren diese Auffassung unterstützen.

Sind mehr als zwei Landschaften vorhanden, so kommt es wesentlich
auf ihre Anordnung an. Sie können in Streifen nebeneinander oder
haufenweise durcheinander liegen. Ein typischer Streifenstaat ist
die nordamerikanische Union. Von O nach W folgen aufeinander die

atlantische Küstenebene, die Alleghanies, das Mississippitiefland, die Prärienplatte und das Kordillerensystem. Das ist eine nahezu symmetrische Gliederung, jedenfalls muß als charakteristisch hervorgehoben werden, daß der tiefste Streifen die Mitte einnimmt und von zwei Gebirgsstreifen eingesäumt wird. Im verkleinerten Maßstabe kehrt diese Strukturform in der Schweiz wieder. Gerade entgegengesetzt war die Struktur Bulgariens in den Grenzen von 1912. Hier lag der höchste Streifen, der Balkan, in der Mitte, zwischen zwei tieferen: dem bulgarischen und dem ostrumelischen. Man könnte diese Streifenstruktur als die dachförmige bezeichnen im Gegensatze zur muldenförmigen der Vereinigten Staaten. Die dritte Art ist die stufenförmige. Sie ist charakteristisch für das Deutsche Reich, und war es vor allem für das alte Deutschland von 1866. Die alpine, die Mittelgebirgs- und die Flachlandslandschaft bilden einen von S nach N absteigenden Stufenbau. Solch eine stufenförmige Struktur hat auch Belgien.

Noch mannigfaltiger sind die Haufenstaaten. Ihre Struktur enthüllt sich häufig viel deutlicher auf geologischen, als auf orographischen Karten. Wir können das an Frankreich beobachten, wo fünf Landschaften zu unterscheiden sind, aus denen im Laufe der mittelalterlichen Geschichte der französische Staat zusammengeschweißt wurde: 1. Das nordfranzösische Becken, der eigentliche Kern des Frankenreiches, der immer die Hauptstadt umschlossen hat und dadurch auch bis zur Gegenwart das politische Zentrum geblieben ist. 2. und 3. Die beiden großen Rumpfmassivs, das zentralfranzösische und das bretonische. An diesem Beispiele zeigt es sich besonders klar, wie sehr wir auf die Beihilfe der Geologie angewiesen sind, denn auf orographischen Karten wird die scharf ausgesprochene Individualität der Bretagnelandschaft völlig unterdrückt, und das nordfranzösische Becken verschwimmt mit 4. der Garonnemulde, dem Hauptteile der alten aquitanischen Landschaft. 5. Nur die breitgrabenförmige Rhonelandschaft, das älteste Burgunderreich, behält auch auf der orographischen Karte ihre Selbständigkeit voll und ganz bei.

In manchen Ländern tragen einzelne Landschaften den Charakter mehr oder minder streng umschlossener Becken, und wir können dann von einer Zellenstruktur als einem Spezialfall der Haufenstruktur sprechen. In Spanien sind das Ebrobecken, die altkastilische und zum Teil auch die neukastilische Hochebene solche geographische Zellen. Ein anderes Beispiel ist die österreichischungarische Monarchie mit den gut ausgeprägten Zellen Ungarn und Böhmen.

Auflösung der Landschaften. Die Landschaften sind in der Regel selbst wieder zusammengesetzt, und die Teile erreichen manchmal eine so große Ausdehnung, daß man nicht mehr von einer einheitlichen Landschaft, sondern von einem Komplex von Landschaften sprechen darf. Als Beispiel diene uns die deutsche Mittelgebirgslandschaft. In ostwestlicher Richtung unterscheiden wir hier:

1. Die sächsisch-thüringische Landschaft, ein unvollständig geschlossenes Viereck, dessen Seiten das Erzgebirge, der Thüringer Wald und der Fläming bilden, während sich im NW wie als mächtige Pfeilerruine einer geborstenen Brücke der Harz erhebt. Ein Blick auf die Karte lehrt, daß diese Landschaft nur ein verkümmertes Abbild der anstoßenden böhmischen ist. Vom Erzgebirge und dem Thüringer Wald laufen zentripetal die Flüsse der Leipziger Ebene zu und gewinnen dann vereint einen Ausweg durch die Pforte von Magdeburg.

2. Die hessische Landschaft, der dreieckförmige Zwischenraum zwischen den rechtwinklig zueinander gestellten Thüringer Wald und Niederrheinischem Gebirge, das Abzugsgebiet der Weser. Zwischen den genannten Rumpfgebirgen, den Überresten eines einst zusammenhängenden Hochgebirgszuges, hat die vulkanische Kraft in viel späterer Zeit zwei basaltische Gebirgsstöcke geschaffen: die Rhön und den Vogelsberg.

3. Jenseits dieser Lücke liegt als Gegenpfeiler der sächsisch-thüringischen Landschaft das niederrheinische Rumpfmassiv, dadurch ausgezeichnet, daß es durch das Flußkreuz Rhein—Lahn—Mosel in vier Blöcke zersägt ist.

4. Die niedersächsische Landschaft, der Typus einer offenen Landschaft, besteht aus einer Reihe nordwestlich streichender längerer und kürzerer Gebirgsketten, die zusammenhanglos zwischen Ems und Elbe durch das norddeutsche Flachland zerstreut sind.

5. Von den beiden südlichen Landschaften ist die oberrheinische halb geschlossen, ein breiter, tiefer Graben zwischen den Bruchbändern zweier Gebirgsmassive und zweier plateauartiger Erhebungen.

6. Die sich anschließende fränkisch-schwäbische Landschaft hat Stufenbau und empfängt ihren einheitlichen Charakter dadurch, daß die Gewässer nach W zum Rhein abfließen.

Wir haben uns bei diesem Beispiele etwas länger aufgehalten, um zu zeigen, daß unsere Einteilung nicht etwa nur von untergeordneter Bedeutung ist, sondern daß in der Tat jede unserer sechs Landschaften den Anforderungen an eine geographische Landschaft vollauf entspricht.

Politische Bedeutung der physischen Struktur. Sie liegt nicht in der Struktur selbst. Wir dürfen nicht meinen, daß ein homogener

Staatskörper an und für sich fester und widerstandsfähiger sei, als
ein aus verschiedenen Teilen zusammengestückter. Der Boden wirkt
nur mittelbar, indem er den Zusammenhalt der menschlichen Bewohner bald fördert, bald hemmt, und von diesem Gesichtspunkt aus
könnte man allerdings versucht sein, der physischen Homogenität
vor der Heterogenität den Vorzug zu geben. Wenigstens der homogenen
Ebene, denn im Gebirgsland wird der homogene Charakter durch den
Wechsel von Berg und Tal stark beeinträchtigt. Aber auch jene
Voraussetzung erfährt durch die Geschichte und die Erfahrungen der
Gegenwart eine erhebliche Einschränkung. Dagegen spricht schon die
Tatsache, daß die weitaus größte Zahl der Großmachtstaaten in Gegen-
wart und Vergangenheit dem heterogenen Typus angehören. Von der
einigenden Kraft der großen russischen Fläche wurde in früheren Zeiten
viel Aufhebens gemacht, aber gerade jetzt, in dem revolutionären
Zerfallsprozeß, wo man ihrer am meisten bedürfte, droht sie gänzlich zu
versagen. Freilich ist es nicht ausgeschlossen, daß sie doch wieder zum
Durchbruch kommt. Im Gegensatze dazu scheinen die hemmenden Einflüsse des physischen Heterogenismus sich wirksamer geltend zu machen.
Je geschlossener die Landschaften sind, desto mehr wirken sie sondernd.
Die offene Landschaft ist hierin dem homogenen Boden am ähnlichsten,
die Zellenstruktur ist der Entwicklung eines großen, machtvollen Staates
am gefährlichsten. Die politische Zersplitterung Griechenlands im
Altertum dürfen wir wohl diesem Umstande zuschreiben. In der habsburgischen Monarchie sind gerade die beiden großen Zellenlandschaften,
Ungarn und Böhmen, die Hauptherde der separatistischen Tendenzen,
denen allerdings, wie wir später sehen werden, eine andere Struktur-
eigentümlichkeit entgegenarbeitet. Sehr auffällig ist in Deutschland
der Gegensatz zwischen der homogenen Flachlandschaft im N, wo
schon in früheren Jahrhunderten größere Staaten zur Entwicklung
gelangten und dann in unserer Zeit die politische Einigung des Reiches
ihren Ausgang nahm, und anderseits der landschaftlich und politisch
stark aufgelockerten Mittelgebirgszone; kein Wunder, daß diese Zusammenhänge schon verhältnismäßig früh die Aufmerksamkeit auf
sich gelenkt haben. Wenn sie nicht überall nachweisbar sind, so ist
dies leicht erklärlich, wenn wir uns vor Augen halten, daß die physische
Struktur nicht allein und nicht in erster Linie die Staatsbildungen
beeinflußt.

Außer der Oberflächenform sind für die Struktur heterogener Länder
selbstverständlich auch die anderen physischen Faktoren maßgebend,
und keiner in so hohem Grade, als das fließende Wasser. Durch dieses
entstehen verknüpfte Landschaften. Daß der nördliche und

mittlere Streifen des deutschen Bodens zu einer Einheit verbunden ist, ist wesentlich ein Werk der Oder, Elbe und Weser. Wo die allgemeine nördliche Abflußrichtung durch die Einschaltung der Donau eine schmale Unterbrechung erleidet, wird auch die Verbindung des Mittelgebirgsstreifens mit dem alpinen zwar nicht völlig aufgehoben, aber doch geschwächt. Daß sie am Rhein nicht wieder auflebt, steht im Widerspruche mit den geographischen Bedingungen und ist nur geschichtlich begründet.

Die hydrographische Anordnung in Deutschland ist gleichsinnig parallel, in Rußland, wo sie auch eine große bindende Kraft ausübt, da die flachen Wasserscheiden den Schiffsverkehr sehr erleichtern, ist sie strahlig, und ähnlich, wenn auch nur einseitig ausgebildet, in den Vereinigten Staaten, wo das Mississippi- und das Lorenzsystem in bequeme natürliche Verbindung gesetzt werden; in Österreich-Ungarn ist sie schnurförmig. Die Donau durchzieht die Monarchie in der Mitte und zieht von N und S bedeutende Nebenflüsse an sich. Die Alpenländer, die Marchlandschaft und das ungarische Becken reihen sich wie Perlen an einer Schnur aneinander. Das Bestreben, auch die serbischen Gebiete der südlichen Zuflüsse zur Monarchie herüberzuziehen, ist geographisch wohl begreiflich. Selbst in die nördliche Abdachung Mitteleuropas greift die Anziehungskraft der Donau hinüber, denn die Elbe kann nur durch eine schmale Pforte nach N entweichen, während ihr ganzes oberes Gebiet sich frei zur March und damit zur Donau öffnet. Mit Recht nennt man die Monarchie den Donaustaat, obwohl sie weder Ober- noch Unterlauf ihres Hauptstromes besitzt. Daß als Seitenstück dazu kein Rheinstaat zur Entwicklung gelangte, erklärt sich daraus, daß der Rhein als südnördliche Verbindungsstraße nicht allein dasteht, sondern vor allem in der Elbe einen mächtigen Konkurrenten hat, während mit der Donau kein Strom als Verbindungsstraße mit dem Orient rivalisiert.

Die Aufteilung eines Staates in Landschaften geht, vielleicht seltene Fälle ausgenommen, nicht restlos vor sich. Es bleiben kleinere oder größere Gebietsteile übrig, die physisch zu benachbarten Staaten gehören. Solche zerrissene Landschaften kleben dann oft nur wie lose Anhängsel dem Staate an, dem sie sich nicht organisch eingliedern können, und sind dann eher ein Schwäche- als ein Stärkemoment. Aber was kümmert sich der Politiker bei der Absteckung seiner Grenzen um wissenschaftliche Gesichtspunkte, wenn er nur seinen Länderhunger stillen kann! Der augenblickliche Erfolg läßt ganz vergessen, daß jede Erwerbung zu Konsequenzen führt, die mitunter recht unangenehm sein können. Anstatt die ganze Politik

danach einzurichten, den Donaustaat auszubauen, streckte das vor-
märzliche Österreich seine Hand nach Ländern aus, die mit seiner
eigentlichen Lebensader in keine organische Verbindung gesetzt werden
konnten, und doch groß genug waren, um an dem Mark des Staates
zu zehren und ihm zur Last zu fallen. Von der Po-Ebene, einer völlig
abseits gelegenen Landschaft, riß es den größten Teil an sich, und
was war der Erfolg? Zwei kostspielige Kriege, die mit dem Verluste
des Erworbenen endigten und den Haß des italienischen Nachbars
als trauriges Erbe zurückließen. Kaum minder unnatürlich ist die
Verbindung mit Galizien und der Bukowina, die nur durch einen schmalen
Hals mit dem staatlichen Hauptkörper zusammenhängen und sonst
durch ein bedeutendes, schwer zugängliches Gebirge von ihm getrennt
sind. Der Weltkrieg hat genugsam gezeigt, wie wenig diese Provinzen
dem eigentlichen Lebenszwecke der Monarchie förderlich sind! Beide
banden einen großen Teil der militärischen Kraft und konnten doch
nur schwer verteidigt werden.

Ein ähnliches geographisches Monstrum, wie die österreichischen
Provinzen Lombardei und Venetien, war bis zum Krieg im Jahre 1870
das französische Elsaß, auch ein typisches Beispiel einer zerrissenen
Landschaft. Darin zeigt sich deutlich, wie unnatürlich die von den
Franzosen geforderten „natürlichen“ Grenzen sind. Man darf aber
nicht überall, wo die Staatsgrenze nicht mit einer Landschaftsgrenze
zusammenfällt, von einer Verletzung einer natürlichen Einheit sprechen,
sondern nur dort, wo eine scharf individualisierte Landschaft größeren
Umfangs davon betroffen wird. Man muß auch stets berücksichtigen,
daß wir hier nur die physische Struktur im Auge haben, und es ist
sehr wohl denkbar, daß die völkische oder die wirtschaftliche Struktur
die Naturwidrigkeit einer verletzten Landschaft aufhebt oder wenigstens
mildert. Schlimm ist es aber um einen Staat bestellt, wenn seine
Gliederung nach zwei oder nach allen drei strukturellen Gesichtspunkten zu dem gleichen Ergebnis gelangt. Dann ist die größte
Gefahr vorhanden, daß seine Kohäsion an solchen Stellen den
auseinanderzerrenden Kräften keinen großen Widerstand leisten kann,
und früher oder später hier ein Riß entsteht. Frankreich, sonst ausgezeichnet durch scharf ausgeprägte Landschaften, hat an seiner NW-
Grenze noch eine solche schwache Stelle, die es ebenso, wie das schon
genannte Elsaß, der Ländergier seines Sonnenkönigs verdankt: sie
liegt dort, wo die Grenze über die wasserscheidende Schwelle von Artois
in das germanische, kohlenreiche und hochindustrielle Flandern hinüber-
greift.

Die völkische Struktur der Staaten.

Niemand wird leugnen wollen, daß die Kraft des Staates im Volke liegt. Die völkische Struktur muß also für den inneren Zusammenhalt von größter, ja von einer alles überragenden Wichtigkeit sein.

Begriff des Volkes. Volk nennt RATZEL[1] „eine politisch verbundene Gruppe von Gruppen und Einzelmenschen, die weder stamm- noch sprachverwandt zu sein brauchen, aber durch den gemeinsamen Boden auch räumlich verbunden sind". Dieser Definition kann man nur dann zustimmen, wenn man unter politischer Verbindung mehr versteht, als nur die äußere Zugehörigkeit zu einem Staate. Das Hauptmerkmal eines Volkes besteht vielmehr darin, daß es einen einheitlichen Willen besitzt, daß über den Einzelwillen ein Gesamtwille steht. Wie dieser zum Ausdruck kommt, hängt von der Staatsform ab. In absoluten Monarchien bestimmt ihn der Wille des Herrschers, in verfassungsmäßig regierten Monarchien der Wille der Mehrheit der Volksvertreter in Übereinstimmung mit dem des Monarchen, in Oligarchien der Wille einiger weniger, die zur Macht berufen sind, in Rupubliken der Wille der Mehrheit des Volkes, d. h. der Volksvertreter, oder direkt des ganzen Volkes, soweit es politisch reif ist. In allen Fällen braucht der Gesamtwille nicht mit allen Einzelwillen übereinzustimmen; es genügt, daß er die Handlungsweise der Gesamtheit bestimmt. In dem Leben jedes Volkes kommen Perioden vor, wo der Gesamtwille seine Kraft verliert und durch die Parteiwillen verdrängt wird, aber dann kommen wieder Stunden, wo er siegreich und beherrschend hervorbricht. Die jüngste Geschichte des deutschen Volkes hat uns beides gelehrt. Vor Ausbruch des Krieges schien es sich völlig in einem haßerfüllten Parteikampf aufzulösen, und sogar die politischen Bande, die den Bundesstaat zusammenhielten, drohten sich zu lockern, ja, die Dinge waren so weit gediehen, daß die Feinde schon stark mit der Möglichkeit eines Zerfalls des Deutschen Reiches von innen heraus rechneten — da mit einem Male, als die Kriegstrompete erscholl, war aller Hader und häuslicher Zank wie weggeblasen, und die erbittertsten Parteigegner scharten sich einmütig um den Kaiser. Der Gesamtwille war wieder erwacht, das deutsche Volk war wiedererstanden. Ein ähnlicher Umwandlungsprozeß hat sich in der Geschichte mehrfach wiederholt; überall dieselbe Erfahrung: ein langer Friede zersetzt die Völker und scheint

---

[1] Politische Geographie, S. 5.

sie in Stücke zu zerbrechen, aber der Krieg kittet sie wieder fest zusammen.

Nun entsteht die Frage: Was fördert die Entwicklung eines Gesamtwillens, was hemmt sie? Kein Zweifel, und die tägliche Erfahrung bestätigt es: je gleichartiger eine menschliche Gesellschaft ist, desto leichter ist es, sie zusammenzuhalten, je ungleichartiger die Elemente sind, aus denen sie sich zusammensetzt, desto schneller streben sie auseinander. Die obige Frage können wir also so formulieren: Wie entsteht ein gleichartiges Volk?

Völkische Gleichartigkeit. Der höchste Grad der völkischen Gleichartigkeit ist gemeinsame Abstammung, aber er kann nur von kleineren Stammesgenossenschaften und nie von einem großen Volke erreicht werden. Immer und überall, wenn Staaten durch Eroberung entstanden, fanden die Eroberer eine eingeborene Bevölkerung vor, mit der sie sich bald langsam, bald schneller, bald nur vereinzelt, bald allgemein vermischten. Nur in den englischen Kolonien erhielten sich die weißen Eindringlinge von Beimischung farbigen Blutes rein, aber selten von einer Vermischung mit nachfolgenden, verschiedenen Stämmen angehörigen weißen Einwanderern, so daß also auch in diesem Falle eine Mischbevölkerung entstand. In den Vereinigten Staaten von Amerika gestaltete sich dieser Prozeß durch Einwanderung fremder Farbiger und teilweiser Vermischung mit den Weißen noch komplizierter. Die Statistik der Union gibt uns wenigstens die Möglichkeit an die Hand, die Bevölkerung dieser großen Republik in ihre anthropologische Hauptbestandteile aufzulösen. Im Jahre 1910 zählte man:

Weiße	81 732 000	
Neger und Mulatten	9 828 000	Farbige
Indianer[1]	266 000	10 240 000
Chinesen	71 000	
Japaner	72 000	
Andere	3 000	

zusammen: 91 972 000

Welchen Umfang hier die Völkermischung angenommen hat, davon können wir uns eine Vorstellung machen, wenn man die amerikanische Einwandererstatistik seit ihrem Beginn im Jahre 1821 durchmustert. Wir zählen nur die wichtigsten Posten auf. In dem Zeitraume 1821 bis 1912 sind eingewandert aus

---

[1] Ohne die in den Reservations angesiedelten Rothäute.

Großbritannien	8032000
Deutschland	5449000
Österreich-Ungarn	3515000
Italien.	3430000
Europäischem Rußland	2837000
Schweden und Norwegen	1747000
Übrigen europäischen Staaten	2005000
Außereuropäischen Ländern	2769000
zusammen:	29784000

Das ist ein so buntes Völkergemisch, wie wir es in keinem anderen Staate der Welt finden, und doch ist es auf dem besten Wege dazu, sich zu einem einheitlichen Volke zu entwickeln.

Der Zement, der diese großen und kleinen verschiedenartigen Brocken zusammenkittet, ist die englische Sprache. An die Stelle der gemeinsamen Abstammung tritt die gemeinsame Sprache, an die Stelle der Blutsverwandtschaft die Geistesverwandtschaft. Einheitliche Sprache führt zu einheitlichem Denken und dieses zu gemeinsamem. Wollen. Sie stellt jetzt den höchsten Grad völkischer Gleichartigkeit dar.

Auch die Gleichheit der Religion kann ein Bindemittel bilden, und dieses übertraf in manchen Zeiten und Ländern an Wirksamkeit sogar die Sprache. Dies gilt vor allem von den mohammedanischen Staaten, ja innerhalb gewisser Grenzen sogar jetzt noch von der Türkei trotz ihres abendländischen Anstrichs. Jedenfalls ist sie hier das Haupthindernis für das Zusammenwachsen des Volkes zu einer gleichartigen Masse. Aber nur solange kann die Religion die völkische Homogenität beeinflussen, solange sie noch das Denken des Volkes beherrscht und eine gleichmäßige Geistesrichtung erzeugt; sie verliert ihre völkische Kraft, sobald sie das dogmatische Gewand abzustreifen beginnt und sich immer mehr in das Innerste der Seele zurückzieht, sich immer mehr individualisiert. Trotzdem ist sie auch jetzt noch in den christlichen Kulturstaaten Europas ein mächtiger Faktor in der völkischen Struktur, der aber ebenso Gleich- wie Ungleichartigkeit erzeugen kann. Ein Beispiel dieser Doppelwirkung liefert die katholische Kirche. In den streng katholischen Staaten, wie z. B. in früherer Zeit in Spanien, hat sie zum inneren Zusammenhalt erheblich beigetragen, und in dem zerklüfteten Österreich spielt sie auch jetzt noch, wenn auch unter bedeutend schwierigeren Verhältnissen, die Rolle einer völkerverbindenden Kraft; wo aber die Kirche in inneren Gegensatz zum Staate tritt, ist die Gefahr vorhanden, daß sie desorganisierend wirkt. Im protestantischen Nationalstaate können Sprache und

Religion zusammenarbeiten, aber gerade hier offenbart sich die Schwäche der letzteren im völkischen Homogenisierungsprozeß selbst dann, wenn sie von einer Staatskirche getragen wird. Sogar in den griechisch-orthodoxen Ländern, wo doch sonst alle Bedingungen für eine starke Stellung der Kirche vorhanden sind, scheint ihre Kraft zu versagen, wenigstens hat sie sich der russischen Revolution gegenüber bisher als völlig machtlos erwiesen.

Homogenitätsfaktoren zweiter Ordnung sind gewisse allgemein verbreitete Gedankengänge und Gefühle, die zu den genannten Faktoren hinzutreten und sie unterstützen, ja in manchen Fällen sogar in erster Linie staatserhaltend wirken, häufig aber gänzlich fehlen oder nur zeitweise und unter besonderen Umständen aktiv hervortreten können. Streng genommen könnte man schon die Religion dazu rechnen, da sie in der Tat schon in vielen Staaten ihre einigende Kraft eingebüßt hat. Einen großen völkischen Einfluß schreibt man der politischen Idee zu; RATZEL und SCHÖNE sprechen wiederholt davon, aber ohne klipp und klar zu sagen, was man darunter zu verstehen habe.

In den primitivsten staatlichen Gebilden, den demokratischen Gemeinwesen, die VIERKANDT[1] als die Keimform des Staates bezeichnet, und die sich nur auf einen Stamm beschränkten und höchstens über ein paar Dörfer ausdehnten, war es leicht, ein lebendiges Gefühl der Zusammengehörigkeit wachzuerhalten, das die politische Idee vertrat. Das gleiche war der Fall unter ganz anderen Kulturverhältnissen in den hochentwickelten Stadtstaaten des klassischen Altertums und auch noch in den freien Städten des Mittelalters. Nirgends war der politische Geist so rege, der Patriotismus tiefer eingewurzelt, als in den kleinen Republiken des alten Griechenlands oder in Rom. Wenn sich aber die Grenzen erweitern, der Blick nicht mehr am einzelnen haften kann, keine Familienbande mehr die Bürger miteinander verknüpfen, da muß die politische Idee einen anderen Inhalt annehmen. In diesem Falle möchte ich sie definieren als die Ansicht des Volkes von dem Lebenszweck seines Staates. Der Zweckbegriff liegt ihr unzweifelhaft zugrunde, aber lebendig wird er erst, wenn er in Fleisch und Blut des ganzen Volkes übergegangen ist. Darin liegt die Schwäche der politischen Idee oder, wie wir sagen können, des Staatsgedankens. In der Regel ist er nur Eigentum weniger. Der großen Masse ist der Staat nur eine Tatsache, zumeist eine unangenehme, und weiter macht sie sich darüber keine Gedanken. Das rührt nicht nur von ihrer Verständnisarmut und ihrer Gleichgültigkeit her, sondern

---

[1] Staat und Gesellschaft in der Gegenwart. Leipzig 1916, S. 11.

auch davon, daß die politische Idee wandelbar ist. Mit Recht hat
Schöne darauf aufmerksam gemacht, welche Veränderung in dem
deutschen Reichsgedanken innerhalb eines Menschenalters vor sich
gegangen ist: 1870 war das Ziel nur auf die Einigung und die Errichtung
eines Nationalstaates gerichtet, und um die Wende des Jahrhunderts
begann man bereits, sich auch auf der Weltbühne Geltung zu ver-
schaffen, und trat in Wettbewerb mit den alten Kolonialmächten.
Es ist noch in unser aller Erinnerung, mit welchen Widerständen diese
neue Idee zu kämpfen hatte. Nur ganz allmählich schlägt der Staatsgedanke Wurzel, aber dann kann er wirklich eine staaterhaltende
Macht werden. Die Briten sind ein klassisches Beispiel dafür. Die
Überzeugung, daß sie das auserwählte, von der Vorsehung bestimmte
Weltherrschaftsvolk seien, durchdringt, vielfach allerdings nur als ein
dunkles Gefühl, alle Volksklassen und stählt ihre Kraft in dem schreck-
lichsten aller Kriege. Die Schweiz bietet ein Beispiel anderer Art.
Im Bewußtsein der Schwierigkeit ihrer politischen Lage hat sie auf
alle äußere Machtentfaltung verzichtet und dafür die Anerkennung
ihrer Neutralität eingetauscht. Das ist die Grundlage ihrer politischen
Existenz, und dieser Gedanke hat sich nicht erst seit 1815, sondern
schon seit Jahrhunderten tief in die Volksseele eingesenkt. Wenn sich
die politische Idee auf einen Punkt konzentriert, kann sie bei leicht
erregbaren Völkern eine leidenschaftliche Färbung annehmen und zu
kriegerischen Explosionen führen. So der Vergeltungsgedanke der
Franzosen. Er beruht auf dem Gefühl, an Glorie eingebüßt zu haben
und an zweite Stelle gerückt zu sein. Elsaß-Lothringen spricht dabei
nur eine sekundäre Rolle. Beweis der Krieg 1870 als Revanche für
Sadowa, das Frankreich doch keinen Gebietsverlust brachte.

Die politische Idee bleibt aber nicht nur Verstandessache, sondern
verquickt sich auch mit Gefühlen und erwärmt sich daran. In alten
Monarchien gewinnt das dynastische Gefühl, das unmittelbare Sich-
einsfühlen mit dem Geschicke des Herrschers, eine außerordentliche
Stärkung und wird damit aus einem Hilfsmittel des äußeren zu einem
solchen des inneren Staatszusammenhaltes. Österreichs wurde schon
gedacht, auch Preußen war bis zum Jahre 1866 hauptsächlich auf dem
dynastischen Gefühle gegründet. Freilich bedarf es, um sich in gleich-
mäßiger Frische zu erhalten, der sinnlichen Unterstützung durch häufige
Berührung mit dem Herrscher und dessen Familie; in großen Staaten,
abseits von der Residenz und in den unteren Schichten der Bevölkerung, läuft es Gefahr, allmählich zu verblassen. Es hängt natürlich
auch von den Fürsten selbst ab, ob sie es verstehen, sich die Liebe
der Völker zu erhalten. Auch sind nicht alle Völker in gleichem

Maße dazu disponiert. Bei dem Romanen scheint das dynastische Gefühl am schwächsten, bei dem Deutschen am stärksten entwickelt zu sein.

Einen noch festeren Anknüpfungspunkt findet die politische Idee in der Vaterlandsliebe oder dem patriotischen Gefühle, das ebensowohl als Anhänglichkeit an den Boden wie an sein Volk gedeutet werden kann, So widersinnig es uns auch scheinen mag, so ist doch tatsächlich in den neuzeitlichen Staaten das dynastische Gefühl älter, als das patriotische, das abstrakterer Natur zu sein scheint. Es klingt jedenfalls überraschend, wenn O. SCHRADER[1] nachweist, daß in dem politisch zerrissenen Deutschland noch bis zur zweiten Hälfte des 18. Jhrdts. der Begriff Vaterland den meisten unklar und viel umstritten war, ja, daß sogar Friedrich d. Gr. die Vaterlandsliebe ausdrücklich nur auf das Volk, nicht auf das Land bezog.

In Wirklichkeit bezieht sie sich auf beides. Ein Land mit scharf ausgeprägten Bodenformen oder deutlichen orographischen Grenzen macht auf das Gebiet der Bewohner den tiefsten Eindruck, daher die Heimatliebe der Gebirgler. Das Flachland mit seinem weiten Horizont oder die Meeresküste können nicht minder tief auf das Gemüt einwirken. Große Fruchtbarkeit hält den Menschen am Boden fest, Dürftigkeit kann die Bande zwischen Land und Leuten lockern oder gar lösen. Aber immer ist das völkische Element mit im Spiele, vorausgesetzt, daß nicht eine schroffe Trennung in Kasten oder Ständen das Gefühl der völkischen Zusammengehörigkeit völlig erstickt hat. Erst im vorigen Jahrhundert, als sich diese gesellschaftlichen Gegensätze milderten, konnten sich Staatsgedanke und Nationalgefühl mächtig entwickeln. Und dieses Gefühl bezieht sich nicht nur auf die Gegenwart, sondern reicht auch in Vergangenheit und Zukunft hinein. Ein gemeinsames Los verknüpft die entschlafene, die lebende und die heranwachsende Generation. KJELLÉN hat dieses Zusammengehörigkeitsgefühl Loyalität genannt, aber auch er muß zugeben, daß es sich selten zu einer staaterhaltenden Kraft steigert. Der einzige Staat, wo sie sich, wenigstens bisher, als eine solche bewährt hat, ist die Schweiz.

Schließlich ist sehr wohl denkbar, daß auch gemeinsame wirtschaftliche Interessen völkische Homogenität erzeugen können, aber bisher ist kein Fall bekannt, in dem sie als Hauptfaktor auftraten. In der Zukunft kann ihnen wohl da oder dort eine solche dominierende Rolle beschieden sein, denn unleugbar rücken sie immer mehr in den Vordergrund.

---

[1] Bismarck-Gedächtnisrede, Breslau 1915.

Einteilung der Staaten nach der völkischen Struktur. Die Zweiteilung in gleichartige (homogene) und ungleichartige (heterogene) ergibt sich aus unseren bisherigen Erörterungen von selbst.
Es ist selbstverständlich, daß man diese Ausdrücke nicht auf die
Gesamtheit der völkischen Struktur beziehen darf. Ein Volk kann
gleichsprachlich sein, aber aus verschiedenen Religionsgenossenschaften
bestehen oder umgekehrt, es genügt, wenn nur eines der obengenannten
Homogenitätselemente in solcher Stärke vorhanden ist, daß es
den Gesamtwillen des Volkes bestimmt. Ist dies nicht der
Fall, so ist immer Ungleichartigkeit die Folge. Es können auch manche
willkürliche Einrichtungen die Wirkung eines oder mehrerer Homogenitätselemente völlig unterbinden und nicht bloß einen bestehenden
Staat dem Untergange zuführen, sondern überhaupt Staatsbildung
verhindern. So müßte z. B. jedes politische Selbständigkeitsstreben
des indischen Volkes an dem Kastenwesen scheitern, auch wenn sonst
die völkische Struktur gleichartig wäre.

Wenn wir die Sprache als den wichtigsten Homogenitätsfaktor
betrachten und darauf die Einteilung der Staaten nach der völkischen
Struktur gründen, so bedarf das nach dem oben Gesagten keiner
weiterer Begründung. Gleichartig nennen wir einen Staat vor allem
dann, wenn er von einem gleichsprachigen Volke bewohnt wird. Und
da wir nur auf ein solches die Bezeichnung Nation beschränken, so
können wir einen einsprachigen Staat auch einen Nationalstaat
nennen. Es muß aber darauf aufmerksam gemacht werden, daß man
mitunter damit auch einen rein politischen Begriff verbindet, der nur
der neuesten Geschichte angehört.[1] In diesem Sinne heißt so derjenige
Staat, in dem das ganze Volk, gleichgültig, ob es einem oder verschiedenen Sprachstämmen angehört, an dem Staatsleben, an Verfassung und Verwaltung, tätigen Anteil nimmt.[1] Nach VIERKANDTS
Terminologie bildet er den Gegensatz zum Eroberer- und Klassen-
staat, in dem Gesetzgebung und Regierung nur die Obliegenheit
weniger ist, und die Masse des Volkes nur zu gehorchen hat. Nach
dieser rein politischen und daher den Geographen nicht weiter berührenden Auffassung verändert natürlich auch der Begriff Nation
seinen Inhalt. Man unterscheidet dann zwischen einer einsprachigen
oder Kultur- (nach SIEGER[2] besser kulturellen) und einer verschieden-
sprachigen oder politischen Nation. Alles das sei hier auch deshalb
gesagt, um Verwechselungen und Mißverständnisse zu vermeiden.

---

[1] VIERKANDT, zit. S. 77.
[2] SIEGEK, zit. S. 22.

Der Name Territorialstaat will besagen, daß hier das einigende Moment nicht im Volke, sondern im Lande liegt. Legt man den Nachdruck auf die völkische Ungleichartigkeit, so kann man den Territorialstaat auch Nationalitäten-[1] (nicht Nationalitäts-)staat nennen. Neben den beiden genannten Arten gibt es noch eine dritte, der Pseudonationalstaat, eine, wie wir sehen werden, weit verbreitete Zwischenform. Sie hat ungleichartige Struktur, aber aus den verschiedenartigen Völkern, die den Staat bewohnen, ragt eines so sehr an Macht hervor, daß dadurch der Schein einer gleichartigen Struktur erweckt wird. Die führende Nationalität nennt man auch die Staatsnation.

Territorialstaaten. Wahrscheinlich gehörten in alten Zeiten alle vollentwickelten Staaten dieser Klasse an, und zum zweiten Male erreichte ihre Zahl einen Höhepunkt in der Periode des neuzeitlichen Absolutismus. Sie entsprechen einer Politik, die vor allem auf Landerwerb gerichtet ist und, da dem Volke kein Anteil am Staatsleben vergönnt war, sich um die völkische Struktur nicht viel zu kümmern brauchte. Jetzt ist das anders geworden, und dementsprechend scheint die Territorialform dem Untergange geweiht zu sein. Von 19 Groß- und Mittelstaaten Europas am Beginn des 20. Jhrdts. können ihr nur mehr 4 zugerechnet werden: Österreich-Ungarn, die Türkei, Belgien und die Schweiz.

Österreich ist das typischste Beispiel eines Territorialstaates. Das tritt am grellsten hervor, wenn wir die Relativzahlen der Nationalitäten für die Gesamtmonarchie nach der Zählung von 1910 ins Auge fassen.

	Auf Tausend entfallen:			
	Österreich	Ungarn	Bosnien	Gesamtmonarchie
Deutsche	348	97	12	234
Magyaren	3	481	4	198
Tschechen und Verwandte .	222	97	4	165
Polen	174	2	6	99
Ruthenen	123	23	4	77
Kroaten und Serben	28	141	960	107
Slowenen	44	4	2	26
Rumänen	10	141	—	62
Italiener (und Ladiner) . . .	26	2	1	16
Andere und nicht gezählt . .	22	12	7	16

---

[1] RATZEL (Die Erde und das Leben, Leipzig 1902, Bd. II, S. 674) nennt Nation ein gleichsprachliches Volk mit politischer Selbständigkeit, Nationalität ein solches ohne politische Selbständigkeit. Die Franzosen z. B. sind eine Nation, die Tschechen eine Nationalität.

Von den neun Hauptnationen, die hier wohnen, ist die stärkste
nur mit 23 v. H. vertreten. Daß unter diesen Umständen gerade das,
was ein Volk stark macht, nämlich ein Gesamtwille, nur schwer
zustande kommt, liegt auf der Hand. Es wäre in früheren Zeiten vielleicht möglich gewesen, diesen heterogenen Zustand, wenn auch nicht
aufzuheben, so doch zu mildern. Schon das römische Reich hat den
Weg dazu gezeigt. Durch italische Kolonisten wurde überall, wenigstens
im Westen, unter den unterworfenen Fremdvölkern die lateinische
Sprache verbreitet, und wie erfolgreich dieser Romanisierungsprozeß
war, ist ja bekannt. Ebenso haben im Mittelalter die Deutschen die
slawischen Grenzländer germanisiert. Durch einen ähnlichen Vorgang
entstand z. B. aus verschiedenen völkischen Bruchstücken die englische
Nation, und wir haben schon oben erwähnt, daß die Vereinigten
Staaten einer ähnlichen Umwandlung entgegengehen. Warum hätte
das nicht auch in dem österreichischen Kaiserstaat gelingen können?
In der Tat gab es eine Zeit, in der man etwas Ähnliches erwarten
konnte. Den Kern dieser werdenden Staatsnation bildete die Be-
amtenschaft, die, wenn auch vielfach slawischen Ursprungs, schon im
Deutschtum aufgegangen war. Da eine einheitliche Staatssprache,
nämlich die deutsche, bestand, und auch die Schulen deutsch waren,
so durfte man hoffen, der Gesamtbevölkerung allmählich einen homo-
genern Charakter zu verleihen. Daß diesen Erwartungen nicht ent-
sprochen wurde, erklärt sich aus folgenden Mißständen. Erstens ist
die deutsche Nation an Zahl den anderen nicht erheblich überlegen.
Zweitens beanspruchen die Italiener kulturell eine Gleichstellung mit
den Deutschen, während sich Magyaren, Tschechen und Polen auf ihre
reiche geschichtliche Vergangenheit als Nationalstaaten berufen. Endlich
ist die geographische Lage höchst unglücklich, indem von den neun
Nationen sieben über die Grenzen hinausgreifen und jenseits derselben
ihren nationalen und politischen Schwerpunkt suchen. Das sind
schwerwiegende völkische Strukturfehler und ihnen stehen wenige, im
Sinne der Homogenität wirkende Momente gegenüber. Ob es einer kon-
sequenten, zielbewußten Politik, anstatt der leidigen Praxis, die Nationalitäten gegeneinander auszuspielen, nicht trotzdem hätte gelingen
können, der zentrifugalen Bestrebungen Herr zu werden, darüber hat
der Geograph nicht zu entscheiden. Genug, bei Beginn des Weltkrieges
war man nicht nur in feindlichen, sondern auch in manchen neutralen
Kreisen darauf gefaßt, daß in Zeiten eines hochgespannten National-
gefühls, wie des unserigen, eine extrem heterogene Struktur einer
kriegerischen Belastungsprobe nicht gewachsen sei. Aber alle diese
Prophezeiungen wurden zuschanden, und in Österreich hielt man

bereits die Nationalitätengefahr für völlig überwunden, ja, SIEGER[1] sprach sich sogar für die Gleichberechtigung von nationalen und „internationalen" Staaten, wie er damals mit einem wenig treffenden Worte die Territorialstaaten bezeichnete, aus. Das erscheint uns doch noch etwas verfrüht. Manche Nachrichten sickerten durch, die mit der gepriesenen patriotischen Eintracht der österreichischen Stämme nicht ganz stimmten, Verratsszenen schlimmster Art spielten sich wiederholt während des Krieges ab. Noch wichtiger ist, daß die Hoffnung, der innere Zusammenhalt der habsburgischen Monarchie werde neu gestählt aus dem Kriege hervorgehen, sich nicht erfüllt hat. Die nationalen Gegensätze haben sich sogar verschärft, und die völkische Struktur hat sich nicht durch Kräftigung eines anderen Faktors, wie z. B. der politischen Idee und der Loyalität, dem homogenen Zustande mehr genähert. Gerade die unerwartete Verkittung der Monarchie im Anfange des Krieges spricht für unsere Ansicht, daß eine homogene völkische Struktur die stärkste Grundlage der Staaten ist. Die österreichisch-ungarische Monarchie zerfällt nämlich politisch in drei Teile: die österreichische Hälfte ist heterogen, die ungarische ist pseudonational, und das bosnisch-herzegowinische Anhängsel, auf das wir wegen seiner Kleinheit weiter keine Rücksicht zu nehmen brauchen, ist homogen. Ungarn ist also schon vermöge seiner völkischen Struktur Österreich bedeutend überlegen, und darauf beruht auch das Übergewicht seines politischen Einflusses. Es ist das Rückgrat der Monarchie, und ohne ein solches hätte sie kaum den Eindruck einer einheitlichen Macht aufrecht erhalten können.

Anders ist die völkische Bauart der Türkei. Im großen und ganzen ungleichartig, besitzt sie doch einen gleichartigen Kern, der aber nicht durch eine gemeinsame Sprache, sondern durch die islamitische Religion zusammengehalten wird. Die Eigentümlichkeit des orientalischen Volkstums besteht darin, daß die Religion ein viel festeres Bindemittel ist, als die Sprache, und daß daher das mohammedanische Element nach außen eine geschlossene Einheit bildet, während es doch im Innern national zerklüftet ist. Auch unter den slavischen Völkern hatte der Islam Bekenner gefunden; diese kleineren Bruchstücke, wie das albanische, das serbische, das bulgarische usw., fielen aber auch vor 1912 nicht sehr ins Gewicht, nur der Gegensatz zwischen Türken und Arabern ist ein ernstes Störungsmoment. Hier werden die Feinde der Türkei versuchen, einen Keil in den

---

[1] Internationale Rundschau, Zürich 1916.

mohammedanischen Block zu treiben. Aber vorläufig hält er noch
zusammen.

Seit der mißglückten Belagerung Wiens im Jahre 1683 begann
der zwar langsame, aber fast stetig fortschreitende Rückbildungsprozeß
des osmanischen Erobererreiches. Anfangs des 19. Jhrdts. ergriff er
auch die Balkanhalbinsel, und 1912 waren da alle christlichen Völker
befreit. So paradox es auch klingen mag, so war dies doch ein Glück
für die Türkei. Mit Ausnahme von Armenien hatte sie nun alle geschlossenen national und konfessionell fremden Elemente, die für sie
mehr Ballast als Machtstütze waren, abgestreift, dadurch an völkischer
Homogenität gewonnen und konnte so gestärkt in den Weltkrieg eintreten. Man kann auch hierin einen Beweis für die Wichtigkeit
einer einheitlichen völkischen Struktur erblicken.

Für die beiden kleinen Territorialstaaten, Belgien und die Schweiz,
ist der Weltkrieg verhängnisvoll geworden. Belgien war zu nahezu
gleichen Teilen zwischen den französischen Wallonen und den germanischen Flamen geteilt. Im Streite zwischen beiden Nationen gewannen die Wallonen die Oberhand, als gerade noch im letzten Augen-
blicke das an die Wand gedrückte Flamentum durch die deutsche
Eroberung Luft bekam. Auch wenn Belgien wieder erstehen sollte,
so ist es doch unmöglich, die alte völkische Struktur wiederherzustellen.
Der Territorialstaat ist hier ad absurdum geführt. Die Schweiz war
anscheinend homogener. 1910 zählte man auf je Tausend 690 Deutsche,
211 Franzosen, 80 Italiener, 11 Romanen und 8 Anderssprachige. Das
ziffermäßige Übergewicht des deutschen Volksstammes ist klar, aber
es bedeutet noch lange nicht ein Übergewicht des Deutschtums. Bekanntlich bedienen sich die Deutschschweizer aller Kreise ihres einheimischen Idioms als Umgangssprache und halten damit die Fiktion
einer völkischen Sonderart aufrecht. Bezeichnend ist der Ausspruch,
den ich aus dem Munde eines hervorragenden deutschschweizerischen
Gelehrten hörte, daß die Deutschschweizer das Schriftdeutsch in der
Schule wie eine fremde Sprache lernen müssen. Indem die Neutralität
aus dem Politischen auch ins Völkische übertragen wurde, konnte die
Meinung entstehen, daß man ein schlechter Schweizer sei, wenn man
ein guter Deutscher bleibe. Man könnte sich damit als einer Tatsache
abfinden, wenn diese Auffassung der Neutralität die ganze Schweiz
durchdränge, aber gerade das ist nicht der Fall, wie der Weltkrieg
klar erwiesen hat. Die nichtdeutschen Schweizer halten an ihrer
Nationalität fest. Nun geht ein Riß durch das Volk und droht dem
Staate Untergang. Daß die Schweiz nur als neutraler Staat bestehen
kann, darüber besteht kein Zweifel, aber wie die Neutralität aufrecht

erhalten? Etwa durch völlige Entdeutschung der Deutschen und Entwelschung der Welschen, so daß dann nur der reine Schweizer übrig bleibt? Aber ein solcher ausgelaugter Schweizer wäre ein Homunculus, weder lebendig, noch schöpferisch.[1] Man erkennt also, daß der Territorialstaat ein sehr ernstes Problem ist, das verschiedene Gestalten annimmt, und daß es sich nicht schematisch lösen läßt. Am wenigsten durch den Gewaltspruch, daß solche Staaten in der Gegenwart überhaupt nicht mehr zeitgemäß und daher daseinsberechtigt seien.

Pseudonationale Staaten. Obwohl Zwischenform, sind sie doch nicht als Umwandlungsform vom Territorial- zum Nationalstaat anzusehen, sondern, soweit uns bekannt, die Urform der meisten durch Eroberung gegründeten Staaten, nur natürlich mit Ausnahme jener in barbarischen Zeiten, wo die Besiegten ausgerottet oder vertrieben wurden. In modernen Staaten gewannen die unterworfenen Völkerschaften gleiche Rechte wie die Sieger, aber diese Gleichstellung gilt nur auf dem Papier, in Wirklichkeit bleibt nach wie vor das Eroberervolk, die Staatsnation, der Träger des staatlichen Gesamtwillens. Es bewahrt diese Stellung dadurch, daß sie an Zahl die Summe oder wenigstens jede einzelne der übrigen Nationalitäten übertrifft. So machen, wie aus unserer Tabelle auf S. 81 hervorgeht, die Magyaren in Ungarn zwar nicht die absolute, aber doch die relative Mehrheit aus. Diese Stellung aufrecht zu erhalten, bleibt natürlich das Hauptziel der inneren und unter Umständen der äußeren Politik dieser Staaten. Wesentlich trägt dazu eine günstige geographische Lage des herrschenden Volkes bei. Dies trifft z. B. in Ungarn zu. Hier sitzen die Magyaren im Zentrum des Landes, in dem von einem Gebirgskranz umgebenen Tieflandbecken, das an wirtschaftlichem Wert alle peripherischen, von slavischen und rumänischen Stämmen bewohnten Gegenden übertrifft. Dafür obliegt diesen Randvölkern die Aufgabe der Grenzwacht, an der sich vermöge seiner Lage nur ein Zweig des Magyarenvolkes, die Szekler, beteiligt. Eifrig, häufig übereifrig sind die Magyaren bestrebt, die fremden Sprachen zugunsten ihrer eigenen zu verdrängen, was ihnen besonders bei den Juden, aber vielfach auch bei den Deutschen nur zu leicht gelingt; dazu nötigt sie auch ihre geringe natürliche Volksvermehrung, gering besonders im Vergleiche mit den Rumänen. Natürlich suchen sie auch von ihrem Zentrum aus immer mehr nach allen Seiten an Raum zu gewinnen, und so entbrennt hier ein Nationalitätenstreit,

---

[1] BÄCHTOLD, Die innerpolitische Krisis in der Schweiz und unser Verhältnis zu Deutschland. Basel 1916.

nicht minder heftig, als in der österreichischen Reichshälfte, nur mit dem Unterschiede, daß die Magyaren infolge ihrer Lage ungleich begünstigter sind, und viel zielbewußter und einheitlicher vorgehen, als die Deutschösterreicher.

Der größte Pseudonationalstaat war bis 1917 das europäische Rußland (nicht das russische Reich, das als ein Territorialstaat anzusehen ist). Die Sprachenzählung im Jahre 1897[1] ergab einige zwanzig Nationalitäten, von denen 14 über oder ganz nahe an 1 Million Köpfe zählen. Das herrschende Volk war das großrussische, das aber nicht ganz die Hälfte der Gesamtbevölkerung bildet, also zu dieser in ungefähr demselben Verhältnis steht, wie die Magyaren. Auch die geographische Verteilung der Völker zeigt einige Ähnlichkeit mit der in Ungarn insofern, als die meisten Fremdvölker in zusammenhängenden Gruppen die Randpartien bewohnen. Jedoch keineswegs gleichmäßig. Die Großrussen beherrschen nicht nur das Zentrum, sondern auch den ganzen Norden und werden auch im Osten nur fleckenweise von anderen Stämmen unterbrochen oder leben mit ihnen gemischt. Eine gerade Linie, die vom Golf von Taganrog nach NW zur Rigaischen Bucht zieht, trennt ungefähr das großrussische Gebiet, das zwei Drittel des Staates einnahm, von der weltlichen Zone der Fremdvölker, die mit Finnland beginnt und nur durch den finnischen Meerbusen eine Unterbrechung erleidet.

Übersicht der völkischen Struktur des europäischen Rußland:

	Bevölkerung i. Taus.	Davon	
		Großrussen v. Taus.	Orthodoxe v. Taus.
Großrußland (30 Gouvernem.) . . .	56 041	802	900
Finnland[2]	2 713	2	16
Litauen (4 Gouvernements)	4 101	46	71
Polen (9 Gouvernements)	8 819	27	65
Weißrußland (5 Gouv.)	8 518	58	602
Ukraine[3] (9 Gouvernements) . . .	23 430	118	847
Rumänisches Gouv. Beßarabien . .	1 935	81	827
Westl. fremdvölkische Zone	49 516	78	555
Europäisches Rußland	105 557	462	729

Die Großrussen sind selbst ein Mischvolk, vorzugsweise aus slavischen, finnischen und tatarischen Elementen zusammengesetzt,

---

[1] Ausführlichere Daten in Supan, Die Bevölkerung der Erde, Heft XIII, Gotha 1909.

[2] Die Zahlen beziehen sich auf das Jahr 1900.

[3] Nicht ganz identisch mit dem Lande, das sich 1917 selbständig erklärt hat.

und dieser Assimilationsprozeß ist noch immer nicht abgeschlossen. Große Völkerbrocken, besonders im O, sind noch immer nicht verschlungen und verdaut. Doch ist hier der Ausgang nicht zweifelhaft. Anders im W. Finnen, Litauer, Polen und Rumänen erkennt auch der Russe als Fremdvölker an, und wenn er auch den Versuch nicht aufgegeben hat, sie national zu sich herüberzuziehen, so sind doch die Erfolge bisher ohne nachhaltige Bedeutung geblieben. Man ersieht das aus dem geringen Anteile der Großrussen an der Bevölkerung. Anders verhält es sich mit den Weiß- und Kleinrussen oder, wie sie sich jetzt nennen, Ukrainern. Diese wurden nur als dialektisch verschiedene Zweige des großrussischen Stammes betrachtet, und demnach berechnet der Russe sein Volk mit 75$^1/_2$ Mill. oder 714 v. T. Dadurch wird der völkische Charakter des Staates ganz verändert, er erscheint dem Typus des Nationalstaates schon beträchtlich näher gerückt. Die Weißrussen scheinen in der Tat den Großrussen nahe zu stehen, nur daß die westliche Lage das slavische Element hier reiner erhalten hat; die Ukrainer müssen aber als ein selbständiges slavisches Volk betrachtet werden, das der Entnationalisierung nur durch brutale Gewalt im Laufe weniger Jahrzehnte zu verfallen drohte: eine Gefahr, die durch die gegenwärtige Revolution abgewendet zu sein scheint. In dem Russifizierungsprozeß spielt die religiöse Propaganda eine große Rolle; deshalb haben wir auch den Anteil der griechisch-orthodoxen Bekenner an der Gesamtbevölkerung in unsere obige Tabelle mit aufgenommen. Die betreffenden Zahlen sind symptomatisch. Sie zeigen z. B., wie die russische Regierung im Bunde mit der von ihr ganz abhängigen Kirche auch schon in Finnland, Litauen und Polen den Versuch gemacht hat, festen Fuß zu fassen und in Weißrußland und der Ukraine die Herrschaft schon völlig an sich gerissen hat, natürlich begünstigt durch die ältere Entwicklung.

Also auch in Rußland, wie in Ungarn, die deutliche Tendenz einer Vereinheitlichung der völkischen Struktur. Das ist eine allgemeine Erscheinung bei den Pseudonationalstaaten, während sie bei Territorialstaaten nicht zu beobachten oder wenigstens nur schwach angedeutet ist. Durch diesen Aufsaugungsprozeß wurden wiederholt Völker geschaffen oder — um uns der Terminologie SIEGERS[1] zu bedienen — Staats- in kulturelle Nationen umgewandelt. Es ist aber nicht immer geglückt. Die englische Nation ist so entstanden, aber noch immer sind einige keltische Reste übrig geblieben, und die Iren lassen sich, ob-

---

[1] Zeitschrift des Allgemeinen Deutschen Sprachvereins 1916, S. 179.

wohl sie ihre Sprache mit der englischen vertauscht haben, noch immer nicht in den Gesamtwillen einfügen.

Nationalstaaten. Auf die angeführte Weise entstand im Mittelalter der französische und zu Beginn der Neuzeit der spanische Nationalstaat. Die skandinavischen Staaten sind von Anfang an gleichartiger gewesen. Die Balkanstaaten sind im Laufe der Zeit aus dem türkischen Reiche hervorgegangen; ihre völkische Struktur hat insofern eine Wandlung erfahren, als der religiöse Faktor, der im Anfange stark betont wurde, später immer mehr von dem nationalen in den Hintergrund gedrängt wurde. Die jüngsten Nationalstaaten sind Italien und das Deutsche Reich. Beide sind nicht aus dem politischen Zusammenschluß verschiedener Völkerschaften entstanden, sondern die Nation war älter als der Nationalstaat. Die völkische Zusammengehörigkeit fand zuerst ihren Ausdruck in der gemeinsamen Schriftsprache, die eine geistige Gemeinschaft schuf; daraus in Verbindung mit der Erinnerung an eine große politische Vergangenheit entwickelte sich, lebhafter in Italien als in Deutschland, ein Nationalgefühl, das endlich, sobald es die Kraft einer politischen Idee erlangt hat, zum Nationalstaat führte.

Der Nationalstaat stellt zwar den höchsten Grad völkischer Gleichartigkeit dar, ist aber nicht absolut homogen. Bei genauerer Betrachtung kleben ihm immer die Eierschalen einstiger Ungleichartigkeit an. Das deutsche Volk kann zwar als eine ethnographische Einheit gelten, ist aber jedenfalls eine anthropologische Mischung. Noch heute lassen sich zwei Rassentypen, ein blonder und ein brünetter, und zahlreiche Übergangsformen erkennen; der blonde, der noch immer mit 32 v. H. vertreten ist, ist der eigentlich germanische Typus, der brünette (14 v. H.) deutet auf slavische, keltische, vielleicht noch vorkeltische Zumischung hin.[1] Man unterschätze ja nicht den Einfluß solcher alter Mischungen, wenn wir ihn auch nicht im einzelnen exakt begründen können. Nicht nur der körperliche, sondern auch der seelische Gegensatz vom Nord- und Süddeutschen, West- und Ostdeutschen mag darauf zurückzuführen sein. Die Germanisierung der überelbischen Grenzmarken ist längst beendet, nur ein schwacher Rest der einstigen slavischen Bewohner hat sich in den Wenden der Lausitz erhalten. Die alten Nähte des deutschen Volkstums werden nur mehr bei sehr aufmerksamer Betrachtung sichtbar, von weitem gesehen erscheint es als eine einfarbige Fläche, aber man braucht nicht einmal

---

[1] R. Virchow, Die Verbreitung des blonden und des brünetten Typus in Mitteleuropa. Sitz.-Ber. der preuß. Akad. d. Wiss. 1885, I. Halbband, S. 39.

sehr nahe zu treten, um sofort zu erkennen, daß es ein Mosaik ist, deren Teile eine Farbe in verschiedenen Abtönungen zeigen. Die Stammesgegensätze treten nicht nur in Mundart und Sitte grell zutage, sie werden auch noch durch den bundesstaatlichen Charakter des Reiches gleichsam unterstrichen. Auch das Aufblühen der Dialekt-literaturen ist ein nicht zu übersehendes Symptom, namentlich die Ausbreitung, die das Niederdeutsche gerade im gegenwärtigen Kriege gewonnen hat. Es ist an und für sich eine schöne Eigenschaft des Deutschen, daß er das Gefühl für seine engere Heimat wach erhält, nur darf es keinen Augenblick das Gefühl für das einige Vaterland verdunkeln. Noch viel bedenklicher ist der konfessionelle Riß, der durch das deutsche Volk geht und vor einigen Jahrzehnten sogar sich wieder zu einer Kluft zu erweitern drohte; aber seitdem ist der Ver-narbungsprozeß in erfreulichem Fortschreiten begriffen, und wir müssen es dankbar anerkennen, daß gerade der Krieg wesentlich dazu bei-getragen hat.

Schließlich wird die Gleichartigkeit unserer völkischen Struktur auch noch durch einige an den Rändern des Reiches sitzende Fremd-völker gestört. Ziffermäßig sind aber nur die Polen von Bedeutung. Die preußische Sprachenzählung von 1900 ergab etwas über 3 Mill. oder 91 von T. der preußischen Bevölkerung (die Gesamtzahl der Fremdsprachigen betrug 113 v. T.).

Gleichartiger sind unzweifelhaft die Franzosen, obwohl auch hier das gallische, romanische und germanische Element sich noch deutlich voneinander abheben. Der Gegensatz von Nord- und Südfranzosen ist das Ergebnis verschiedener Mischungen. Noch beträchtlich ungleich-artiger ist die Struktur des spanischen Volkes, und die Aufsaugung der den Provençalen verwandten Kataländen ist noch immer zu keinem Abschlusse gediehen. Die Italiener sind scheinbar am homogensten, aber nicht nur, daß der Einfluß alter Mischungen noch immer erkennbar ist, sind auch noch einige fremdsprachige Splitter vorhanden, Fran-zosen, Deutsche, Slowenen, Serben, Albaner und Griechen (zusammen freilich nur $\frac{1}{4}$ Mill. oder 8 v. T.).[1] Für die Beurteilung des Einflusses solcher heterogener Elemente auf die Struktur eines homogenen Volkes kommt außer der Zahl noch auch wesentlich ihre geographische Ver-breitung in Betracht. Treten sie vereinzelt auf, so sind sie ganz ohne Belang für den Gesamtwillen, bilden sie aber zusammenhängende Gruppen, so können sie unter Umständen gefährlich werden. Fremd-

---

[1] Ausführlicher nach der Zählung von 1901 in SUPAN, Bev. d. Erde, XIII, S. 100.

sprachige besonders dann, wenn sie unmittelbar an ihre Stammes-
genossen in einem fremden Staate grenzen. Dies trifft z. B. bei den
Polen der preußischen Landesteile Posen und Oberschlesien (2,3 Mill.)
zu. Dasselbe Gesetz ist auch auf Konfessionen und politische Parteien
anwendbar. Eine Partei, die in einer kompakten Masse zusammen-
sitzt, kann viel größere Macht gewinnen, als eine durch den ganzen
Staat zerstreute, selbst wenn sie an Zahl von der letzteren übertroffen
wird. Darin lag zum Teil der Erfolg der deutschen Zentrumspartei
gegenüber dem schwächeren der Sozialdemokratie begründet.

Nationalitätenprinzip. Es ist bisher immer nur von der völkischen
Struktur bestehender Staaten die Rede gewesen. Es hat sich daraus
ergeben, daß in Europa mit wenigen Ausnahmen überall das Streben
herrscht, die völkische Gleichartigkeit im Sinne sprachlicher Vereinheitlichung zu stärken, in der richtigen Überzeugung, daß dadurch
der Staat selbst gestärkt wird. Das ist wohl zu beachten; der Staat
steht hier im Vordergrund, und die Nation ist nur Mittel zum Zweck.
Nach dem modernen Nationalitätenprinzip wird die Stellung von
Staat und Nation umgedreht: das einsprachige, territorial geeinte
Volk ist das primäre, es bildet den Inhalt, der Staat nur die Form.
Daraus entspringt die Forderung: die politisch getrennten Völker
müssen zu einem homogenen Staate vereinigt werden; das war, wie
wir gesehen haben, der Weg, der zur Gründung des Königreiches
Italien führte, und es überrascht nicht, wenn die Italiener die äußersten
Konsequenzen daraus ziehen wollen. Das Deutsche Reich, das bis
1870 eine parallele Entwicklung eingeschlagen hat, hat aber in der
richtigen Erkenntnis, daß seine Zukunft nach anderen Zielen weist,
das Nationalitätenprinzip nicht weiter verfolgt und seine Fangarme
nicht nach den deutsch-österreichischen Provinzen ausgestreckt. Eine
Schwierigkeit besteht für jene Völker eines Territorialstaates, die
sich nicht an einen gleichsprachigen Nationalstaat anlehnen, wie z. B.
die Tschechen. Hier soll das Prinzip des Selbstbestimmungsrechtes
der Völker aushelfen, eine Forderung, die im Sinne der Freiheit erhoben wird und sich daher leicht ad absurdum führen läßt. Denn
entweder gilt sie nur für die Gegenwart, dann bedeutet sie eine Ver-
gewaltigung aller folgenden Generationen, die das gleiche Recht auf
Selbstbestimmung haben, oder sie gilt auch für diese, dann würde sich
offenbar ein unerträglicher anarchischer Zustand daraus ergeben. Diese
neuen Grundsätze sind aber wohlgemerkt nur von unseren Feinden
aufgestellt worden, und es fällt ihnen nicht ein, selbst danach zu
handeln.

Die moderne Nationalitätenpolitik ist im Grunde genommen nur die alte territoriale Expansionspolitik, aber mit einem neuen Mäntelchen drapiert. Früher sagte man einfach und offen: dieses oder jenes Gebiet möchte ich haben, jetzt tut man, als wäre Landerwerb nur eine nebensächliche Beigabe und die Hauptsache die Erlösung geknechteter Brüder. Wie unehrlich diese Politik ist, beweist schon die Tatsache, daß sie selbst an den Volksgrenzen nicht halt macht. Italien erhebt schon Ansprüche an slavische, albanische und griechische Gebiete, Frankreich erhebt Ansprüche auf deutsche westrheinische Landstücke, auf Syrien, auf Teile von Kleinasien usw.; in dem Streit zwischen Polen und Ukrainern um das Cholmer Land, das nur von wenigen kleinen polnischen Sprachinseln durchsetzt ist, berufen sich jene auf die alte Zugehörigkeit des Landes zum Königreich Polen, verlassen also den nationalen Standpunkt und stellen sich auf das geschichtliche Prinzip. Mit einem Wort: nicht der Nationalstaat ist das Ziel, sondern der Pseudonationalstaat; man hofft freilich, diesen wieder durch Aufsaugung der fremden Elemente in einen Nationalstaat überführen zu können, aber dann würde das Spiel wieder von neuem beginnen. Das Nationalitätenprinzip würde ebensowenig den ewigen Frieden bringen, wie irgendein anderes der zwischenstaatlichen Politik.

Rassenprinzip. Eine Steigerung des Nationalitätenprinzips ist das Rassenprinzip, doch hat es noch keine so allgemeine politische Bedeutung erlangt wie jenes. Das liegt zum Teil auch in der Unbestimmtheit des Begriffs Rasse begründet. Der Panslavismus versteht darunter die Gesamtheit aller eine slavische Sprache redenden Völker; hier ist also Rasse ein ethnographischer, kein anthropologischer Begriff. Bekanntlich hat ihn das zarische Rußland auf seine Fahne geschrieben, und sein Zusammensturz dürfte wohl auch ihn für einige Zeit begraben haben. Jedoch nicht das Rassenprinzip im allgemeinen. Man hört hier und da noch immer von Pangermanismus, Panromanismus, Panislamismus, Panamerikanismus, wenn es sich dabei auch nur um Schlagwörter ohne realen Hintergrund handelt. Was das Rassenprinzip ebenso unfruchtbar macht, wie das Nationalitätenprinzip, ist seine allen historischen Erfahrungen widersprechende Übertreibung; aber ein gesunder Gedanke liegt doch beiden zugrunde. Die immer weiter ausgreifende Weltwirtschaft wird nach unserer Überzeugung sicher einst zur Schaffung größerer politischer Gebilde drängen, die weit über den Rahmen des Nationalstaates hinausgehen werden. Das Projekt der britische Zollunion ist schon ein derartiger Versuch. Dann wird aber die Frage entstehen, auf welche Weise solche umfassende Verbände ohne zuweitgehende Schädigung der völkischen Struktur zustandekommen könnten. Wir werden im nächsten Abschnitt· nochmals darauf zurückkommen.

Eines dürfen wir schon jetzt als sicheres Ergebnis aussprechen, daß die Zeit der Gründung von Territorialstaaten durch blinde Eroberungssucht wenigstens in Europa vorüber ist. Das Reich Napoleons I. war der letzte Versuch dieser Art. In Zukunft wird man nicht mehr Länder wahllos zusammenraffen und die völkische Struktur die allein den inneren Zusammenhalt der Staaten verbürgt, dabei unberücksichtigt lassen können. Das ist unzweifelhaft ein bedeutender Fortschritt.

Kolonien. Für die europäischen Kolonien gelten die oben dargelegten Grundsätze nur bedingungsweise. Die Sprachunterschiede treten. hier völlig zurück gegen die anthropologischen der Hautfarbe, und dementsprechend gewinnen die Begriffe der Gleich- und Ungleichartigkeit eine wesentlich andere Bedeutung. Vom völkischen Standpunkt aus haben wir drei Arten unterschieden (S. 12). Einwanderer-, Misch- und Eingeborenenkolonien. In den Einwandererkolonien ist die Bevölkerung vorwiegend weiß, und selbst dann, wenn daneben farbige Einwanderer in größerer Zahl vertreten sind, wie die Nachkommen der Negersklaven in den Vereinigten Staaten von Amerika, wird doch der Rassenunterschied dadurch etwas gemildert, daß sie die gleichen politischen Rechte genießen wie die Weißen. Nur den Engländern ist es gelungen, größere echte Einwandererkolonien zu gründen, in denen die Weißen sich wenigstens zum größten Teile rein erhalten haben und ihre Herrschaft behaupten. Im Bereiche der spanischen und portugiesischen Kolonisation haben sich die Weißen nur in einigen Gebieten rein erhalten. Hier sind sie auch annähernd homogen im sprachlichen Sinne, kein solches Völkergewirr, wie wir es in den Vereinigten Staaten kennen gelernt haben (S. 75). In Tropenländern, wo einerseits die Eingeborenen eine höhere Kultur erreicht hatten und als Ackerbauer dichter beieinander wohnten, andererseits das Klima der Ansiedelung der Weißen Hindernisse in den Weg legte, hat sich die ursprüngliche farbige Bevölkerung noch erhalten, und nur sporadisch leben unter ihr Europäer als Vertreter der Kolonialmacht, als Kaufleute und als Kulturpioniere, und meist auch nur vorübergehend, da das Klima und endemische Krankheiten eine Seßhaftmachung · meist nicht rätlich erscheinen lassen.

Einwanderer- wie Eingeborenenkolonien, so. diametral sie. auch einander entgegengesetzt sind, sind doch bis zu einem gewissen.'Grade gleichartig, und es gilt auch hier der Satz, daß gleichartige Struktur den inneren Zusammenhang stärkt, aber nur den der Kolonie selbst, nicht den zwischen Kolonie und Kernland. Bei Eingeborenenkolonien ist das ohne weiteres erklärlich, hier wirkt der Gegensatz von Herren und Dienern zu stark, und kann nur durch lange Gewohnheit und durch wirtschaftliche Maßnahmen allmählich etwas ausgeglichen werden. Aber auch das Band zwischen Mutter- und Tochterland ist trotz Rassengemeinschaft in der Regel nicht zu fest. Die Vereinigten Staaten fielen von England und die mittel- und südamerikanischen Kolonien von Spanien und Portugal ab, weil sie sich in ihren Rechten verletzt fühlten. Der günstigste Fall ist der, wenn zwischen Kernland und Einwanderkolonie wirkliche Blutsverwandtschaft besteht, und daß dies bei den Vereinigten Staaten nur zum Teil zutraf, hat den Bruch mit England sicher beschleunigt und erweitert. Aber auch die Volksgemeinschaft kann die Einwandererkolonie nicht auf unbeschränkte Dauer an das Mutterland fesseln, wenn sie unter verschiedenen geographischen Bedingungen stehen. Daraus können leicht Interessengegensätze erwachsen, die zur Entfremdung und endlich zur völligen Entzweiung führen können. Daß England sich noch rechtzeitig zu Konzessionen verstand, hat ihm die Dominions in Amerika, Südafrika und in der Südsee erhalten, aber auch hier muß man die Frage aufwerfen: auf wie lange?

Die Mischkolonien haben die ungünstigste Struktur. Der Grund liegt nicht in dem Durcheinanderwohnen von Farbigen und Weißen, obwohl dies schon an und für sich kein einheitliches Volksbewußtsein aufkommen lassen würde, sondern in der Blutmischung. Der bekannte Satz: die Mischlingskinder hassen ihre weißen Väter und verachten ihre farbigen Mütter, enthüllt uns den ganzen moralischen Jammer solcher geschlechtlichen Verbindungen, die besonders bei den Kolonisten romanischer Abstammung so häufig sind. Die Verkommenheit der Mestizen und Mulatten ist ein nur zu deutlicher Beweis dafür. Trotzdem muß man die Frage offen lassen, ob diesem Übel Einhalt getan werden könne. Es wird noch dadurch gesteigert, daß, wie hundertjährige Erfahrung lehrt, in Mischehen nicht der farbige Teil kulturell und sittlich hinauf-, sondern der weiße herabgezogen wird. Auf diese Weise wirkt es also auch schädlich, wenn die ursprünglich heterogene völkische Struktur allmählich homogener wird. Das kann auch nicht dazu beitragen, ein einheitliches Volksbewußtsein zu erzeugen, im Gegenteil: der Mischling ist ein Feind der Ordnung, und in denjenigen von der Natur so gesegneten Ländern, wo er herrscht, sind Umsturz und blutige Rebellion eine bleibende Einrichtung.

Die wirtschaftliche Struktur der Staaten.

Grundbegriffe. Das wirtschaftliche Leben des Staates besteht in Erzeugung und Verbreitung von Gütern oder mit anderen Worten: in Produktion und Handel.

Die Güter entstammen entweder den organischen Naturreichen oder dem mineralischen. Dieser Unterschied ist grundlegend für den wirtschaftlichen Charakter eines Staates. Denn alle organischen Erzeugnisse sind an strenge Gesetze gebunden, sind abhängig von der Temperatur und der Feuchtigkeit und ändern sich daher mit der geographischen Breite und mit der Seehöhe, und sind dem Einfluß aller jener Faktoren unterworfen, die die Verteilung der Niederschläge auf der festen Erdoberfläche regeln. Die Einteilung der Staaten nach ihrer mittleren Breitenlage, die wir auf S. 49 gegeben haben, gibt uns demnach nur eine ungefähre, rohe Vorstellung von ihrer wirtschaftlichen Struktur, soweit diese auf der organischen Produktion beruht. Zudem ist das Klima für diese Produktion nicht allein verantwortlich, sondern auch die Beschaffenheit des Bodens, und Boden und Klima folgen nicht den gleichen Gesetzen. Es kommt noch etwas dazu. Das Klima ist gänzlich unabhängig von dem Menschen, der Boden aber nicht. Verschiedene Zusätze, wie Guano, Chilisalpeter, Kalisalze u. a. können den Charakter des Bodens auf weite Strecken hin völlig verändern, unfruchtbares Land in fruchtbares umschaffen.

Ein zweiter ebenso wichtiger Unterschied zwischen der organischen und mineralischen Produktion besteht darin, daß sich jene in gewissen Zeitabschnitten immer wieder erneuert, diese aber nicht. Pflanzen und Tiere sind also Dauergüter, die bei zweckmäßiger Behandlung sogar innerhalb gewisser Grenzen immer besser und reichhaltiger werden. Nur auf ihnen läßt sich ein geordnetes Wirtschaftssystem aufbauen, während die mineralischen Schätze, die man aus der Erde hervorholt, nicht mehr ersetzt werden können, und daher jeder Bergbau, möge er auch noch so sehr nach wissenschaftlichen Grundsätzen betrieben werden, im Grunde genommen immer Raubbau bleibt.

Im Gegensatze zu den Erzeugnissen der organischen Welt sind die mineralischen an keine klar erkennbaren Gesetze gebunden, sie sind regellos oder wenigstens scheinbar regellos über die Erde verteilt.

Nach dem Gesichtspunkte des Zweckes unterscheiden wir 1. Nahrungsmittel, die uns das Pflanzen- und das Tierreich liefern. Nach der allgemeinen Annahme können wir nur organische Nahrung assimilieren, und in der Tat wird daher die Verbreitung der Menschen hauptsächlich durch die klimatischen Faktoren geregelt. Ob wir aber in dieser Hinsicht wirklich einem eisernen Gesetz unterworfen sind, scheint doch noch fraglich, denn in beschränktem Grade können wir doch auch mineralische Substanzen assimilieren, wie vor allem Salz, dann Eisen u. a. Doch ist es überflüssig, diesen Gedankengang weiter zu verfolgen und darauf Zukunftspläne aufzubauen. Für absehbare Zeit sind wir sicher auf das Pflanzen- und das Tierreich angewiesen. Das gilt auch für 2. die Gruppe der Genußmittel, die zu allen Zeiten und auf allen Zivilisationsstufen eine große Rolle gespielt haben. Die 3. Gruppe bilden die Rohstoffe, die allen drei Naturreichen entnommen werden, und zu ihrer Nutzbarmachung erst der menschlichen Bearbeitung, die wir als Industrie im weitesten Sinne bezeichnen, bedürfen. 4. Die gewerblichen oder Industrieerzeugnisse bilden wieder eine Gruppe für sich, es sind teils Bekleidungsgegenstände, bei welchen, wenn auch in beschränktem Grade, wieder die Abhängigkeit vom Klima zum Vorschein kommt, teils Gerätschaften der verschiedensten Art und zu den verschiedensten Zwecken. Wichtig ist namentlich der Unterschied zwischen Halb- und Vollwaren, jene werden unmittelbar aus den Rohstoffen hergestellt und liefern wieder den Stoff für die Vollwaren. Eine solche Stufenfolge bildet z. B. die Rohbaumwolle, das Baumwollgarn und das Baumwollgewebe. Als eine besondere Produktionsgruppe sind 5. die Kraftstoffe zu nennen, die man früher meist zu den Rohstoffen rechnete, die sich davon aber wesentlich unterscheiden, indem sie an sich keinen stofflichen Wert besitzen, sondern vielmehr erst die Vernichtung des Stoffes sie zu wirtschaftlichen Gütern stempelt. Der wichtigste Kraftstoff ist die Kohle. Sie ist, abgesehen von ihrer gelegentlichen Verwendung zu medizinischen und anderen Zwecken, an sich wertlos; indem sie aber verbrannt wird, erzeugt sie Licht und Wärme, und diese kann in mechanische Arbeit übergeführt werden, die unsere Maschinen in Bewegung setzt. Ein anderes Beispiel ist das Petroleum. Auch das stürzende Wasser, das als eine elektrische Kraftquelle immer mehr an Bedeutung gewinnt, kann als ein Kraftstoff angesehen werden, der freilich keiner völligen substantiellen Vernichtung unterliegt, sondern nur insofern unserer Definition entspricht, als eine Bewegungsart in eine andere übergeht.

Im Laufe der Menschheitsgeschichte haben diese Produktionsgruppen sich in verschiedener Weise entwickelt. Im allgemeinen kann man sagen, daß sie sich vervielfältigt haben. Darin besteht im wesentlichen auch der Fortschritt der Zivilisation, wobei wir zwischen Zivilisation und Kultur unterscheiden. Jene haftet am Äußeren und ist daher leicht übertragbar. Die Nahrungsmittel haben natürlich zu

allen Zeiten den ersten Rang behauptet und sind auch in geschichtlicher Zeit am konstantesten geblieben. Wohl mag der herum-
schweifende Sammler hier und da neue Nahrungsmittel entdecken,
wohl verändert sich das Aussehen der Pflanzungen, der Felder und
der Viehweiden fortwährend, aber das kommt nur durch örtliche Über-
tragung zustande. Freilich kann sich dadurch der wirtschaftliche
Charakter weiter Gebiete ändern, wie beispielsweise durch die Einführung des Maises und der Kartoffel aus der Neuen in die Alte Welt
und durch die der altweltlichen Getreidearten nach Amerika und
Australien.

In bezug auf die Genußstoffe haben sich viel größere Wandlungen
vollzogen. Das ist auch leicht begreiflich, denn die Genußfähigkeit
des Menschen ist ja, wenn sie einmal angeregt wird, unbegrenzt, und
die Geschmacksrichtungen sind außerordentlich verschieden und zugleich
im hohen Grade dem Wechsel unterworfen. In der Geschichte der
Entdeckungen haben die Genußmittel eine große Rolle gespielt, schon
in den ältesten Zeiten war Salz ein außerordentlich begehrter Artikel,
die Sehnsucht nach Gewürzen führte die Portugiesen und Holländer
nach Ostindien, Zucker und Kaffee wurden die Grundlage großer
kolonisatorischer Unternehmungen.

Die Produktion der Rohstoffe und Kraftmittel geht Hand in
Hand mit der Entwicklung der Gewerbe. Hierin ist der Gegensatz
von Einst und Jetzt am schroffsten. Durch Jahrtausende beruhte
die gewerbliche Tätigkeit nur auf Handarbeit, und der mechanische
Fortschritt bestand nur in der Verbesserung und Verfeinerung der
Werkzeuge. Das änderte sich, wenn auch nicht mit einem Schlage, so
doch in überraschend kurzer Zeit mit der Erfindung der Dampfmaschine durch JAMES WATT im Jahre 1769. Der Handbetrieb
ging in den Maschinenbetrieb über, und die Industrie gelangte dadurch
zu einer Entfaltung, wie nie zuvor. Damit natürlich auch die Produktion von Rohstoffen und Kraftmitteln. Diese Entwicklung, die
anfangs mit schweren wirtschaftlichen Erschütterungen[1] verbunden
war, ist noch nicht abgeschlossen. Namentlich läßt sich noch nicht
absehen, welcher Umschwung sich vollziehen wird, wenn der Dampf
immer mehr von der Elektrizität überflügelt wird. Nur das läßt
sich voraussehen, daß dann eine geographische Verschiebung der Pro-
duktionszentren eintreten wird, indem die Gebiete mit reichen Wasser-
kräften immer mehr in den Vordergrund treten werden gegenüber

---

[1] Ein anschauliches Bild davon gibt GOETHE in Wilhelm Meisters Wander-
jahren.

den Kohlenfeldern, um so mehr, als der Kohlenvorrat sich naturgemäß immer mehr vermindert. Über das Maß dieser Abnahme sind schon wiederholt Berechnungen angestellt worden, aber diese beruhen selbstverständlich alle auf unsicheren Grundlagen, und ihre Ergebnisse weichen daher weit voneinander ab. Das Verhältnis der Gewinnung von Kraftmitteln und Rohstoffen zu deren Verarbeitung kann ein doppeltes sein. Entweder befinden sich die Rohstoffe und Kraftmittel an derselben Stelle, wo ihre Verarbeitung erfolgt, und dann ist die Industrie bodenständig, oder sie müssen aus der Ferne herbeigeführt werden. In diesem Falle kann man von einer Veredelungsindustrie sprechen. Bodenständig sind manche deutsche Industriezweige, wie z, B. in früheren Zeiten die rheinische Eisenindustrie, während sie jetzt, bei ihrer heutigen Ausdehnung, schon lange mit dem heimischen Material nicht mehr ausreicht und auf Zufuhr der Rohstoffe aus fernen Ländern, z. B. Spanien, Schweden, angewiesen ist. Trotzdem kann man sie in geschichtlicher Hinsicht als bodenständig bezeichnen, den ersten Anstoß gab doch der einheimische Bergsegen. Dagegen ist die Baumwollindustrie der außertropischen Länder reine Veredelungsindustrie. Die englische Wollindustrie hat als eine bodenständige begonnen, ist aber jetzt schon längst in eine Veredelungsindustrie übergegangen, die fast ganz von dem australischen und argentinischen Rohstoff abhängt.

Wirtschaftsformen und Wirtschaftsperioden. Als Maßstab dient uns die Art und Weise der Beschaffung von Nahrungsmitteln. Schon aus dem oben Gesagten ergibt sich, daß alle Völker hierin, wie überhaupt in ihrem ganzen Wirtschaftsleben verschiedene Stadien durchlaufen haben. Entsprechend der allmählichen Entwicklung des menschlichen Geistes stellen diese Stadien in ihrer Gesamtheit eine aufwärts führende Stufenfolge dar, aber mit der Beschränkung, daß verschiedene Völker verschieden lange auf einer Stufe verharren, und daß manche Völker diese oder jene Stufe überspringen. Die Umwelt übte dabei den größten Einfluß aus; anders entwickelten sich die Waldvölker als die Steppenvölker, anders die Bewohner der Tropen, als die der eisigen Polarzone. So entsteht ein sehr buntes Bild der wirtschaftlichen Struktur, und die schematische Auffassung der älteren Wissenschaft ist gänzlich verlassen. Das ist zum größten Teil das Verdienst von RATZEL und von EDUARD HAHN.[1]

---

[1] Die Wirtschaftsformen der Erde. Petermanns Mitteilungen 1892, S. 8, mit Karte auf Taf. 2: Die Entstehung der Pflugkultur, Heidelberg 1909.

Auf der untersten Stufe steht als primitivste Wirtschaftsform die
Sammelwirtschaft. Der Mensch folgt fast ausschließlich dem
Nahrungsbedürfnis und unterscheidet sich in dieser Hinsicht wenig
vom Tier. Ohne Wahl führt er alles Eßbare zum Munde, was er
gerade findet. Auch jetzt sind diese Sammelvölker noch nicht völlig
ausgestorben (z. B. die Eingeborenen von Australien, die Weddahs
auf Ceylon, die Negritos auf den Philippinen u. a. an den Grenzen der
menschlichen Besiedelung), aber auch sie haben durch Berührung mit
höher stehenden Völkern Fortschritte gemacht. Im Grunde genommen
gehören auch die Jäger- und Fischervölker zu den Sammelvölkern,
denn auch sie entnehmen ihre Nahrung unmittelbar der Natur und
treiben Raubbau ohne systematische Sorge für die Zukunft, aber da
sie Werkzeuge verschiedenster Art anwenden, stehen sie doch wirt-
schaftich auf einer viel höheren Stufe, als die Sammelvölker im
engeren Sinne des Wortes.

Eine Wirtschaftsform, die aber nur in der Alten Welt zur Entwicklung gelangt ist, ist der Nomadismus. Die Hirtenvölker sind
die ersten, die richtunggebend in die Natur eingriffen und die Eigenart
der organischen Welt, die beständige Wiedererneuerung, für ihre wirtschaftlichen Zwecke systematisch ausnutzten. Aber nur auf dem Gebiete
der Viehzucht. Nur für diesen Wirtschaftszweig konnten die weiten,
vorwiegend flachen Steppen und Wüsten der Alten Welt genügen,
jedoch waren die Herdenbesitzer gezwungen, beständig zu wandern,
um geeignete Futterplätze für das Vieh aufzusuchen. Deshalb sind
die Hirtenvölker, trotzdem sie in vielen Dingen schon zu einer ziemlich
hohen Zivilisation gelangt waren, doch von der Natur gehindert
worden, den letzten entscheidenden Schritt zu tun, nämlich sich
seßhaft zu machen. Sammel-, Jäger- und Hirtenvölker haben, so
verschieden sie auch voneinander sein mögen, doch den einen Grundzug
gemein: sie sind unstete Völker. Erst der Ackerbau zwang den
Menschen zur Seßhaftigkeit und damit zur Einführung geordneter
Einrichtungen und des staatlichen Zwanges. Die politische Geographie
hat es daher nur mit den ackerbauenden Völkern zu tun, wenn sich auch
bei manchen unsteten Völkern schon Anfänge zu staatlichem Leben
zeigen.

Der Ackerbau wird auf zweierlei Art betrieben: mit der Hacke
und mit dem Pflug. Der Hackbau ist die unvollkommenste und
zugleich höchst entwickelte Form. Auf jene wenden wir speziell den
Namen Hackbau an. Man nimmt an, daß er auch die ursprünglichste
Wirtschaftsform ist, indem er sowohl bei Sammel- wie bei Jäger-
völkern und Nomaden nebenbei durch die Weiber betrieben wurde.

Er hat sich aber bei den tropischen Ackerbauern bis in die neueste Zeit erhalten und ist mindestens ebensoweit verbreitet wie die Pflugkultur. Der Grund scheint darin zu liegen, daß man nach alter Sitte die Feldbestellung den Weibern überläßt, deren schwächere Kräfte zu einer intensiven Bearbeitung des Bodens nicht ausreichen. Man begnügt sich daher, die Erde nur oberflächlich mit einfachen Werkzeugen, besonders mit der Hacke, aufzukratzen. Da die Düngung fehlt, muß man durch häufigen Wechsel der Anbaufläche der Erschöpfung des Bodens entgegenarbeiten, und alle diese Umstände bringen es mit sich, daß der Hackbau sich niemals über so weite Felder ausbreiten kann, wie die Pflugkultur. In den tropischen Gegenden ersetzt die natürliche Fruchtbarkeit diesen Mangel zum Teil.

Die Gartenkultur, die auf intensivster Bodenpflege durch Düngung und künstliche Bewässerung mit Ausnutzung auch der kleinsten Flächen beruht und sich auch der Hacke zur Auflockerung der Erde bedient, kann sich natürlich meist nur auf kleine Räume beschränken, wie z. B. in der Umgebung unserer Großstädte, wo ihre hauptsächlichsten Erzeugnisse, Gemüse und Früchte, lohnenden Absatz finden, drückt aber in China und Japan dem ganzen Ackerbau ihren Stempel auf. Eine ähnliche Bewandtnis hat es mit der Plantagenwirtschaft, besonders in der tropischen Zone; auch sie ist intensivster Hackbau, unterscheidet sich aber von Gartenwirtschaft dadurch, daß sie sich meist nur auf die Zucht einer einzigen Pflanze beschränkt.

Die Pflugkultur ist schon in vorgeschichtlicher Zeit in Westasien entstanden und hat sich von da mit der abendländischen Kultur über Europa und die außereuropäischen Kolonien verbreitet. Da zur Handhabung des das Erdreich tief aufwühlenden Pfluges die menschlichen Kräfte nicht ausreichen, mußte das Tier, und zwar das Rind, zur Unterstützung herangezogen werden, und so tritt die Pflugkultur stets in Gemeinschaft mit der Viehzucht auf. Eine weitere Folge war die natürliche Düngung, und nun konnte überall, wo Wärme und Feuchtigkeit in ausreichendem Maße vorhanden waren, auch der Anbau unserer anspruchsvolleren Getreidearten mit Erfolg in Angriff genommen werden. So hat sich viele Jahrhunderte hindurch der Ackerbau auf Grund der Erfahrung vieler Generationen in gewohnten, festen Bahnen entwickelt, bis in unserer Zeit die Wissenschaft, vor allem die Chemie, sich seiner annahm, die Maschinenkraft die Produktion in ungeahntem Maße steigerte, und der wachsende Verkehr die natürlichen Unterschiede in der Erzeugung von organischen Nahrungsmitteln ausglich.

Daß sich fast gleichzeitig damit auch in der Industrie der ge-

waltige Umschwung von dem Hand- zum Maschinenbetrieb vollzog,
ist schon oben erwähnt worden. Die wirtschaftliche Struktur der
Staaten hat sich im 19. Jhrdt. von Grund aus verändert, und wir
werden im folgenden hauptsächlich auf dieses jüngste Stadium Rücksicht nehmen.

Wirtschaftliche Strukturen. Eine gute Grundlage für die Feststellung der wirtschaftlichen Struktur der Staaten und deren Veränderungen böte eine genaue Berufsstatistik, wenn sie nur in allen
Staaten gleichzeitig und nach den gleichen Grundsätzen aufgestellt
würde. So ersehen wir z. B. aus den letzten Berufszählungen des
Deutschen Reiches, daß zwischen 1885 und 1907 eine beträchtliche
Verschiebung zuungunsten der Landwirtschaft stattgefunden hat, denn
auf das Tausend der Bevölkerung zählte 1885 die Landwirtschaft
349, die Industrie 356 und Handel und Verkehr 115 Angehörige, während
1907 die entsprechenden Zahlen 280, 379 und 134 lauten. Aber leider
fehlen in vielen Staaten solche Aufstellungen gänzlich oder sind, wenn
vorhanden, doch nicht miteinander vergleichbar.

Besser ist es mit der Statistik des auswärtigen Handels
bestellt. Wir besitzen darauf bezügliche, mehr oder minder detaillierte
Angaben für alle europäischen Staaten und deren Kolonien, und für
die Mehrzahl der zivilisierten außereuropäischen Staaten; leider wird
aber auch hier die Forderung der Gleichzeitigkeit nicht durchweg
erfüllt, und auch sonst fehlt noch manches zur völligen Vergleichbarkeit.
Bis auf weiteres müssen wir uns aber damit begnügen, jedoch mit
einem Vorbehalt. Nicht immer gibt die Handelsstatistik ein zutreffendes
Bild von der Produktion des betreffenden Staates. Im allgemeinen
dürfen wir zwar wohl voraussetzen, daß ein Staat die Artikel ausführt,
die er in Überfülle erzeugt, aber das trifft nicht immer zu. China ist
z. B. ein reiches Getreideland, aber Getreide darf nicht ausgeführt
werden. China ist seiner Struktur nach ein echter Ackerbaustaat,
aber die Handelsstatistik weiß davon nichts. Solche Fälle sind jedoch
selten, und manchmal sind sie indirekt auch aus der Einfuhrstatistik
erkennbar, denn die einzigen vegetabilischen Nahrungsmittel, die 1912
in größeren Mengen in China eingeführt wurden, Reis und Mehl,
erreichten nur eine Höhe von 26 v. T. der Gesamteinfuhr. Man muß
also schon daraus schließen, daß das Reich von 330 Mill. Bewohnern
eine solche Menge von Brotfrüchten erzeugen muß, daß es des aus-
ländischen Zuschusses entbehren kann. Unter allen Umständen gibt
uns die Statistik des auswärtigen Handels das Mittel an die Hand,
um zu entscheiden, aus welchen Quellen die Finanzkraft eines
Landes herstammt.

Auch hier können wir von einer homogenen und heterogenen Struktur reden, jedoch haben wir darunter zweierlei zu verstehen. Berücksichtigen wir nur die Stellung des Staates auf dem Weltmarkte, so können wir seine Produktion homogen nennen, wenn sie sich nur auf wenige, miteinander verwandte Erzeugnisse beschränkt. In diesem Sinn ist homogen gleichbedeutend mit einseitig und heterogen mit vielseitig. Betrachten wir aber den Staat nur für sich und die geographische Verteilung der Güter in demselben, so verstehen wir unter homogen Gleichförmigkeit und unter heterogen Mannigfaltigkeit. Aus der Kombination dieser vier Begriffe ergeben sich vier Haupttypen der Produktion, die aber in der Tat doch auf nur zwei zusammenschrumpfen, da Einseitigkeit in allen größeren Staaten fehlt, und Vielseitigkeit wohl stets mit Mannigfaltigkeit verbunden ist. Eine ausgeprägte Homogenität im ersten Sinne kann daher mit einer ebenso ausgeprägten Heterogenität im zweiten Sinne Hand in Hand gehen. Chile führt fast nur Salpeter aus, 1912 z. B. für 292 Mill. Pesos, was 77 v. H. der gesamten Ausfuhr entspricht. Vom Standpunkte des Weltmarktes ist also Chile wirtschaftlich unzweifelhaft ein homogener Staat, aber die Salpeterindustrie ist nur auf das Küstengebiet des nördlichen trockenen Landes beschränkt. Das mittlere Drittel mit seinem subtropischen Klima ist ein vortreffliches Ackerland, namentlich das Längstal, das zu den vorzüglichsten Weizengebieten der Erde gehört, der regenreiche Süden endlich ist mit Urwäldern bedeckt und eignet sich vortrefflich zur Rinderzucht.

Die wirtschaftliche Struktur, namentlich soweit sie von der Produktion abhängt, ist im hohen Grade Wandlungen unterworfen. Jedes große Ereignis kann seinen Schatten auf das wirtschaftliche Leben eines Volkes werfen, wenn seine Folgen auch oft erst spät in Erscheinung treten. Die größten Umgestaltungen traten infolge der großen überseeischen Entdeckungen ein, und sie sind auch jetzt noch nicht abgeschlossen. Alle Länder, wo weiße Kolonisten sich ansiedelten, haben ein neues Kleid angezogen, und auch die wirtschaftlichen Verhältnisse der Tropen haben durch die Plantagenkultur ein anderes Gesicht gewonnen. Fast noch durchgreifender, jedenfalls aber schneller hat die Dampfmaschine gewirkt; in Europa und Nordamerika sind ganz neue Typen entstanden und schon schicken sie sich an, über die japanische Brücke hinaus den uralten Kulturboden Ostasiens zu erobern.

Die wichtigsten Strukturarten der Staaten. Die einzelnen Staaten haben von jeher — und das ist schon durch physische Verhältnisse, vor allem durch das Klima begründet — verschiedene wirtschaftliche

Charaktere besessen. Aber niemals sind schroffere Gegensätze auf-
getreten, als der zwischen Agrar- und Industriestaaten in der
Epoche der Dampfmaschine. Europa ist dadurch in zwei Wirtschaftsgebiete geteilt. Der Osten ist agrarisch, d. h. landwirtschaftlich. In
Rumänien ist dieser agrarische Typus am reinsten ausgeprägt. Im
Jahre 1911 wurde Getreide und Mehl für 557,7 Mill. Lëi (1 Lëu = 80 Pf.)
ausgeführt, während alle anderen Ausfuhrgegenstände nur 134,1 Mill. L.
einbrachten. Mit dem Ertrag seiner Brotfrüchte bezahlte es fast seine
ganze Einfuhr von 570,3 Mill. L., die hauptsächlich in Metall- und
Textilwaren bestand. Ähnlich ist der Wirtschaftscharakter in Ungarn,
Serbien und Bulgarien, während sich Rußland, obwohl absolut der
erste Getreidelieferant Europas, durch eine etwas mannigfaltigere
Wirtschaft auszeichnete. Im Norden der Karpathengrenze herrscht
der Agrartypus in Polen, Galizien, im überelbischen Deutschland und
in Dänemark, aber nicht so rein wie in Rumänien, und die Verschiedenheit der Ackerkrume und des Klimas bringt es mit sich, daß
in manchen Gegenden die Viehzucht überwiegt, besonders in Dänemark, wo Butter und Fleisch die Hauptausfuhrgegenstände sind. Den
Agrarstaaten gegenüber steht die westeuropäische Gruppe der Industriestaaten, die Großbritannien, Belgien, Frankreich, Deutschland und die Schweiz umfaßt. Eine sehr charakteristische Eigentümlichkeit der Industrie- im Gegensatz zur Agrarwirtschaft ist die scharf
ausgesprochene negative Handelsbilanz. Die Einfuhr übertrifft
um ein Beträchtliches die Ausfuhr. Das ist nicht so sehr eine Folge
des Mangels an einheimischen Lebensmitteln, sondern mehr noch des
Bedarfs an Rohstoffen. Die Maschinen sind gefräßige Ungeheuer und
müssen es sein, um die rasch anwachsende industrielle Bevölkerung
mit Brot zu versehen. In unseren modernen Industriestaaten hat die
Industrie schon längst aufgehört, bodenständig zu sein, sie ist zum
größten Teil Veredelungsindustrie. Dieser Prozeß hat übrigens schon
in der maschinenlosen Vergangenheit begonnen, man denke nur z. B. an
die berühmte mittelalterliche Tuchfabrikation von Flandern, die auf
der englischen, oder an die von Florenz, die auf englischer und fran-
zösischer Wolle beruhte. Der letzte Grund dieser Erscheinung war
derselbe wie heutzutage, nur daß er jetzt viel intensiver wirkt. Im
Agrarstaat ist eine solche künstliche Steigerung der Lebensmöglich-
keiten nicht möglich, hier ist man an den Boden gebunden. Mit jener
Eigenschaft der Industriestaaten hängen auch noch andere zusammen.
Vor allem die Verknüpfung mit dem Handel. Seit den Tagen der
Phönizier waren alle großen Handels- auch Industriestaaten. Es gibt
Ausnahmen von dieser Regel. Selbst im Holland des 17. Jhrdts. war

die Verfrachtung nicht der einheimischen, sondern der fremden Waren die Hauptsache. Jetzt sind die Norweger Fuhrleute zur See. Aber die Regel ist doch, daß der Handel die Industrie weckt, weil zur See leicht Gegenden ergiebiger Rohstoffproduktion erreicht werden können. Andererseits regt aus demselben Grunde die Industrie den Handel an, und es ist kein Zufall, daß die vornehmsten Industriestaaten auch die wichtigsten Handelsstaaten sind. Endlich ist noch hervorzuheben, daß die Wirtschaft der Industriestaaten viel mannigfaltiger ist, als die der Agrarstaaten, was keiner besonderen Erklärung bedarf. Wohl herrschen in der Regel ein oder ein paar Industriezweige vor, aber nichts hindert, wenn nur die notwendigen Kraftmittel vorhanden sind, da und dort neue Gewerbe ins Leben zu rufen, die bessere Aussichten auf Gewinn eröffnen. Neben der Baumwollindustrie blühen in England noch die Woll-, Leinen-, Seiden-, Leder-, Metall-, Porzellanindustrie usw.

Man könnte meinen, daß das dauernde Übergewicht der Einüber die Ausfuhr notwendigerweise zur Verarmung des Landes führen müsse, in der Tat sind aber die Industriestaaten reicher als die Agrarstaaten. Dieser Widerspruch löst sich auf, wenn man erwägt, daß die Industriestaaten noch andere, und zwar ergiebige Einnahmequellen haben, von denen die auswärtige Handelsstatistik nichts erwähnt: 1. Den Ertrag des stark entwickelten überseeischen Handels; 2. den Gewinn aus dem inneren Handel und 3. die Zinsen des in der Fremde angelegten Kapitals. Auch die Agrarstaaten entbehren ihrer nicht ganz, aber ihre Kapitalkraft ist viel geringer, als die der Industriestaaten, weil die Fabrikware infolge der Mannigfaltigkeit der industriellen Erzeugnisse auf dem inneren Markt den Vorrang behauptet, und durchschnittlich geringere Herstellungskosten verursacht und daher größeren Gewinn erzielt, als das landwirtschaftliche Produkt. England hatte 1901/02 ein Kapital von mindestens 1250 Mill. £ oder 25 Milliarden Reichsmark im Ausland angelegt, deren Zins- und Dividendenertrag 1252 Mill. Reichsmark betrug. In 10 Jahren hatte sich dieser Gewinn mehr als verdoppelt.[1]

So verschieden auch die beiden Wirtschaftstypen sein mögen, so stimmen sie doch darin überein, daß sie in ihrer extremen Ausbildung nicht mehr den Staat stark machen, sondern schwere Gefahren in sich bergen. Das hat der Weltkrieg klar erwiesen. England wie Rußland sind durch wirtschaftliche Beweggründe in den Krieg getrieben worden:

---

[1] E. FRIEDRICH, Allgemeine und spezielle Wirtschaftsgeographie, Leipzig 1904, S. 143.

England, um sich des deutschen Konkurrenten zu entledigen, Rußland, um neuen Boden für seine wachsende Bevölkerung zu gewinnen. Daß noch andere Motive mit im Spiele waren, ändert an dieser Grundtatsache nichts.

Die friedliche Entwicklung vollzieht sich in Industrie- und in Agrarstaaten in verschiedener Weise. In jenen geht die Tendenz dahin, das industrielle Prinzip immer weiter zu steigern, immer mehr Arbeitskräfte auf Kosten der Landwirtschaft in den Dienst der Maschinen zu stellen. Man konnte dies leichten Herzens tun, solange noch die Seewege offen waren und das Ausland ungehindert die Bevölkerung mit Getreide und Fleisch versorgte. Deshalb wurde die Herrschaft zur See immer mehr ein Lebensbedürfnis Großbritanniens, und als sie durch den deutschen Unterseebootkrieg in steigendem Maße eingeengt wurde, erkannten die Briten zu spät, welchen Gefahren ein Inselvolk ohne eigene Landwirtschaft hilflos ausgesetzt ist. Auch Deutschland war schon im Begriffe, den gefährlichen Weg der Industrialisierung zu betreten, und hätten nicht hemmende Kräfte fast noch im letzten Augenblick eingegriffen, so wäre der Plan unserer Feinde, uns auszuhungern, wahrscheinlich geglückt. Der reine Industrietypus ist durch den Weltkrieg ad absurdum geführt worden und dürfte sich von diesem Schlage wohl nicht mehr erholen.

Aber auch der reine Agrartypus hat sich, wenigstens in größeren Staaten, überlebt. Auch hier ging die Strömung nach den industriellen Pol. Die Vorzüge der Industrie waren zu auffällig, sie öffnete nicht bloß neue Erwerbsquellen, sondern schuf auch Raum für die wachsende Bevölkerung. Denn die Bauern sind gezwungen, nebeneinander zu leben, und sind durch die unbesiedelten Felder, Wiesen und Weiden beengt, die Gewerbetreibenden können aber nicht nur dichter neben-, sondern auch übereinander wohnen. Zudem lockt die Unabhängigkeit vom Ausland, viel Geld kann im Lande behalten werden. Freilich ist die Gefahr vorhanden, daß da die nährende Landwirtschaft immer mehr in den Hintergrund gedrängt wird; alle unsere Industrieländer haben sich aus Agrarländern entwickelt. Aber diese Gefahr besteht doch nur dort, wo eine günstige Lage und Reichtum an Kraftmitteln immer weiter auf der abschüssigen Bahn des Industrialismus treibt. In der Schweiz traf freilich keines von beiden zu, hier wurde die Industrie ein Schutzmittel gegen die Unfruchtbarkeit der Hochgebirgsnatur, wie in früheren Zeiten die Auswanderung und das Söldnerwesen. Wo aber weder Gunst noch Ungunst der gegebenen Verhältnisse den Menschen zur Abkehr von seinem natürlichen Berufe verlockt, kann sich mit der Zeit gewissermaßen ein Gleichgewichtszustand zwischen dem Ackerbau und der Industrie herausbilden und unter besonders günstigen Umständen einen Zustand der Selbsthinlänglichkeit erzeugen, den man Autarkie[1] nennt. Autarkisch ist ein Land oder ein Staat, wenn er alles, was er braucht, selbst erzeugt. Damit würde jeder äußere Handel aufhören, und deshalb wäre vollständige Autarkie nicht nur nicht wünschenswert, sondern geradezu schädlich. Sie müßte zu völliger Stagnation führen; nur wenn sich im ununterbrochenen Verkehre gleichsam Mensch an Mensch reibt, entzündet sich der göttliche Funke des Geistes. Wieweit die Absperrung führt, davon gibt China ein warnendes Beispiel. Aber es ist auch keine Gefahr vorhanden, daß es jemals zu einer vollständigen Autarkie kommen werde. Wenn wir von den primitiven Völkern mit ganz unentwickelten Bedürfnissen absehen, so kommen eigentlich nur die Vereinigten Staaten und China als annähernd autarkische Wirtschaftsgebiete in Betracht. Die Vereinigten Staaten haben, wenigstens zurzeit noch, Überfluß an Getreide und Fleisch, sie besitzen in der Baumwolle den wichtigsten Rohstoff der Textilindustrie, ihre Kohlenfelder gehören zu den ergiebigsten der Erde, sie haben Petroleum, Eisen- und Kupfererze, sie sind zwar nicht mehr das erste, aber doch noch eines der wichtigsten Goldländer. Das sind nur ein paar der namhaftesten Proben aus dem reichen Füllhorn ihrer Naturgaben. Solange sich die Amerikaner nicht selbst aufgeben, kann ihnen kein Feind etwas anhaben; militärisch sind sie vielleicht zu bezwingen, wirtschaftlich niemals. Aber ganz autarkisch sind auch sie nicht; es fehlen ihnen die Nahrungs- und Genußmittel und die Rohstoffe der Tropen zum großen Teil, ihre Industrie ist in manchen Zweigen über die Anfänge noch nicht hinausgekommen, ihr geistiges Leben sucht sich noch vergebens von dem europäischen Einfluß loszumachen. China ist vielleicht noch besser von der Natur ausgerüstet, schon deshalb, weil es in die warme Zone hineinragt, aber da es in der Zivilisation um Jahrhunderte zurückgeblieben ist, wird es noch lange Zeit auf Einfuhr von Europa, Amerika und Japan angewiesen sein. Da Europa ganz außerhalb der Tropen liegt, so können seine Staaten sich nur dem autarkischen Wirtschaftstypus nähern, wenn sie überseeische Kolonien erwerben. In der Tat ist die Kolonialbewegung hauptsächlich aus diesem wirtschaftlichen Motiv hervorgegangen, und sie

---

[1] Dieser jetzt häufig gebrauchte Fachausdruck (ἀυτάρκεια) stammt ursprünglich aus der (Nikomachischen) Ethik von ARISTOTELES, I, 7 und X, 7. ARISTOTELES hat selbst diesen Begriff auch auf das Volkswirtschaftliche übertragen (Politik VII, 5). Über die weitere Geschichte dieses Begriffes s. G. JELLINEK, Allgemeine Staatslehre, Berlin 1900, S. 395 ff.

muß notwendigerweise einen immer größeren Umfang annehmen, je
mehr die Bedürfnisse unserer Industrie nach Rohstoffen steigen. Deshalb ist zurzeit Deutschland trotz seiner leistungsfähigen Landwirtschaft von dem autarkischen Wirtschaftsideal ebenso weit entfernt,
wie England trotz seiner Kolonialmacht. Der Grund hiervon liegt in
der Versperrung des Ozeans. Man ersieht daraus, daß die Freiheit
der Meere, nicht bloß im Frieden, sondern auch im Kriege, eigentlich
das Grundproblem der Politik der Gegenwart ist.

Wir haben oben die autarkische Wirtschaft als das Ideal bezeichnet. Ideale können nicht erreicht, aber angestrebt werden. Und
in der Tat, das autarkische Ideal kann innerhalb gewisser Grenzen in
allen größeren Staaten erreicht werden, wo nicht Klima und Boden
einen ausreichenden landwirtschaftlichen Betrieb ausschließen, oder wo
die nötigen Kraftmittel fehlen und eine ungünstige Lage ihre Einfuhr
verhindert oder wenigstens erschwert. Aber wie reich oder kümmerlich
ein Land von der Natur ausgestattet sein mag, stets sollen gewisse
wirtschaftliche Grundsätze im Auge behalten werden. Zunächst soll
sich die Wirtschaft den natürlichen Bedingungen anpassen. So
selbstverständlich dies auch klingt, so ist doch zu allen Zeiten dagegen
gesündigt worden. Wie oft wurden Kulturen nach Gegenden ver-
pflanzt, wo sich weder Klima noch Boden dafür eignen. Ich weise
nur auf den Weinbau hin, der allerdings aus vielen deutschen Gauen
schon verschwunden ist, aber immer noch manche Flächen sichereren
und ertragreicheren Ernten entzieht. Selbst am Rhein ist er eigentlich
nur eine künstliche Züchtung, wie die häufigen Mißernten zeigen. Ein
zweiter Grundsatz ist der, daß sich Wirtschaft auf Dauergüter stütze,
wodurch sie allein großen Schwankungen entrückt werden kann. Die
Geschichte der Edelmetallproduktion in den letzten Jahrhunderten
enthält genug warnende Beispiele. Im Laufe von wenigen Jahrzehnten
wurde Kalifornien von Kolorado, Amerika von Ostaustralien, dieses
von Westaustralien und Südafrika abgelöst. Wie schnell veröden
besonders jene Goldfelder, wo das Gold nur in der Form von Alluvial-
gold ausgebeutet werden kann. Kalifornien hat seinen Wohlstand
nur dadurch gewahrt, daß es sich dem Weizenbau zugewandt hat.
Als dritte Forderung einer gesunden Volkswirtschaft kann gelten, daß
sie möglichste Vielseitigkeit anstrebe, auch wenn sie eine beschränkte
Autarkie nicht erreichen kann. Wie die Kraft eines Staates in
der Homogenität seiner völkischen, so liegt sie in der
Heterogenität seiner wirtschaftlichen Struktur.

Bruttowirtschaft. Neben den Industrie- und Agrarländern müssen
wir schließlich noch die Bruttostaaten und -kolonien nennen, die

den Weltmarkt in erster Linie mit Rohstoffen versorgen. Es sind ihrer nicht so viele, als man meinen sollte, weil auch die Agrarstaaten viel pflanzliche und tierische Rohstoffe erzeugen, und manche Industrieländer viel Kohle und Erze liefern. Von den europäischen Staaten können wir nur Spanien und Schweden nennen, die anderen liegen alle im warmen Erdgürtel, so vor allem Mexiko, Peru, Bolivien und Chile im amerikanischen Hochgebirge; Ägypten, Kongo, Südafrika und die britisch-malaiischen Schutzstaaten in der Alten Welt. Viele Bruttoländer, wie Argentinien, Australien und Neuseeland, einst die Hauptlieferanten der Schafwolle, sind zum Teil zu anderen Wirtschaftsformen übergegangen; andere Staaten mit ausgesprochener wirtschaftlicher Mannigfaltigkeit sind nur in der einen Hälfte Brutto-, in der anderen Agrargebiete. Das beste Beispiel dafür ist Brasilien, wo diese wirtschaftliche Zweiteilung physisch begründet ist: die südliche Hälfte ist Gebirgsland mit Plantagenkultur und Ackerbau, die große Tiefebene des Amazonas ist eines der ersten Kautschukländer der Erde.

Es sei bei dieser Gelegenheit darauf hingewiesen, daß, obwohl die wirtschaftliche Heterogenität für den Staat von Vorteil ist, und Vielseitigkeit in der Regel mit Mannigfaltigkeit verbunden ist, doch auch darin unter Umständen eine Gefahr liegt. Zu große und zu ausgesprochene wirtschaftliche Differenzierung kann, indem sie Interessengegensätze hervorruft, zu politischen Zwiespältigkeiten, mitunter sogar zur Trennung führen. Schon in Deutschland hat der Unterschied zwischen dem agrarischen Osten und dem industriellen Westen mitunter merklich das Parteileben beeinflußt. In Australien drohten zeitweise die Unionsbestrebungen an dem wirtschaftlichen Gegensatze zwischen dem tropischen Queensland und den südlichen, der gemäßigten Zone angehörigen Staaten zu scheitern; und der Gegensatz zwischen den nordamerikanischen Nord- und Südstaaten war nahe daran, schon 1812 die Bundesstaaten zum Zerfall zu führen, bis endlich nach jahrzehntelangen Streitigkeiten 1860 wirklich der Bürgerkrieg die Union ihrem Untergang entgegenzuführen schien. Auch Brasilien läuft Gefahr, sich in zwei Staaten aufzulösen; Anzeichen eines solchen Prozesses haben sich schon wiederholt bemerkbar gemacht.

Verkehrsarten. Da selbst kleine, engbegrenzte Gemeinwesen wirtschaftlich nicht alle Bedürfnisse ihrer Mitglieder befriedigen können, so muß mit der Gütererzeugung stets Güteraustausch verbunden sein. Dies war selbstverständlich nur möglich, wenn Produzent und Konsument in Verkehr miteinander traten. Zum Verkehr nötigte auch das Bedürfnis, rasch Nachrichten und Personen zu verschiedenen Zwecken zu befördern, und soweit unsere geschichtliche Erinnerung reicht, waren alle diese Motive schon bei den ältesten zivilisierten Völkern wirksam. Der Handelsverkehr reicht bis in die vorgeschichtliche Zeit zurück. Jedenfalls ist der Staat ohne Verkehr nicht denkbar. Dies gilt aber nur für den Verkehr innerhalb der Staatsgrenzen, nur der innere Verkehr ist eine allgemeine Erscheinung, dagegen nicht der äußere oder der Verkehr zwischen verschiedenen Staaten. Dieser ist wiederholt zeitweise unterbunden worden, so in China bis 1842, in Japan bis 1854, und Korea hat sogar erst 1876 seine Häfen dem Handelsverkehr mit dem Ausland erschlossen.

Wir haben auch zwischen Nah- und Fernverkehr zu unterscheiden. Jedenfalls bewegte sich der Verkehr zuerst zwischen benachbarten Wohnplätzen, aber allmählich streckte er seine Fühler immer weiter aus, über die Staatsgrenzen, endlich über Erdteile und Meere, Schritt für Schritt mit der Erweiterung des geographischen Horizonts. Je weiter sich der Fernverkehr erstreckte, desto mehr war man gezwungen, den Weg in Abschnitte zu zerlegen. Es wurden Stapelplätze eingerichtet, von denen wieder neue Verkehrswege ausstrahlten. Sie konnten sich zum Kern einer neuen Staatenbildung entwickeln, deren Hauptaufgabe die Vermittlung des Handels war. Venedig ist das bekannteste Beispiel dieser Art. Handelsgesellschaften nahmen die Eigenschaften staatlicher Gebilde an, wie im Mittelalter die Hansa und in der Neuzeit die verschiedenen ost- und westindischen Handelskompagnien.

Das letzte Ziel in der Entwicklung des Fernverkehrs ist der Weltverkehr. Im Altertum und Mittelalter reichte er von Europa bis Ostindien, zeitweise sogar bis China, im 16. Jhrdt. dehnte er sich über die Neue Welt aus, und seitdem zieht er immer weitere Kreise, bis er endlich in Wahrheit die ganze Erde umspannen wird.

Es ist aber auch möglich, daß sich eine Wandlung anderer Art vollziehen wird. Jetzt verbinden wir mit dem Begriffe des Welthandels den freien Verkehr der Völker miteinander. Gegen diesen richtet sich eine Strömung, die im gegenwärtigen Weltkrieg immer deutlicher zum Ausdrucke kommt. Die offenen Türen sollen zugunsten einiger Großstaaten verrammelt werden, diese oder jene Nation soll von dem kaufmännischen Wettbewerb ausgeschlossen werden. Deutschland soll vor allem davon betroffen werden. Würde diese Idee, die vorerst nur in den Köpfen einzelner spukt, voll und ganz zur Ausführung gelangen, dann hätten wir keinen Welthandel mehr, sondern die Erde wäre in einige abgeschlossene Kasten geteilt, zu welchen nur wenige Staaten den Schlüssel hätten. Solche Handelsgebiete wären vielleicht der europäische mit Ausschluß Englands, der britische, der amerikanische und der ostasiatische. Hoffen wir, daß dieser Gedanke für immer eine Utopie bleiben wird.

Verkehrswege und Verkehrsmittel. Beide bedingen sich gegenseitig, aber wenn die ursprünglichste Form des Verkehrs, der von Lastträgern auf natürlichen ausgetretenen Fußpfaden, wie er heutzutage noch in einem großen Teile von Afrika besteht, überwunden ist, übernimmt das Verkehrsmittel die führende Rolle, und mit seiner Entwicklung, mit dem Auftauchen neuer Erfindungen ändern sich auch die Ansprüche an den Verkehrsweg und die ganze Gestaltung des Verkehrs. Es scheiden sich Land- und Wasserwege. Man sollte meinen, die letzteren seien als die natürlichsten Wege auch die ältesten, in der Tat konnten sie aber erst nach Erfindung des Schiffes benutzt werden. Auf dem Lande genügten die Naturpfade auch dann noch, als im Lastenverkehr das Haustier (Pferde, Esel, Maultiere; Kamel, Lama, Renntier, Rind, Ziege, Schaf; Elefant) als Träger an die Stelle des Menschen trat. Der Saumverkehr mit Packtieren dauerte durch das ganze Altertum und Mittelalter hindurch. Die unausgesetzte Benutzung machte die Saumpfade zu deutlich erkennbaren Wegen von größter Beständigkeit, die den ganzen Handel beherrschten und regelten.

Erst die Erfindung und Einführung des Wagens machte den Bau gebahnter Straßen notwendig. Aber nicht überall. Im Großen Becken im westlichen Hochland der Vereinigten Staaten fand Wagenverkehr schon auf natürlichen Straßen statt, desgleichen stellenweise in Zentralasien und der Mongolei, und das in Südafrika gebräuchliche Ochsengespann überwindet ohne besondere Schwierigkeiten auch steile und holperige Wege. Der Wagen kann durch den Schlitten ersetzt werden, aber dieser ist nur auf die polare Zone und außerhalb derselben nur auf die kalte Jahreszeit beschränkt. Besonders eignet er sich für flache Gegenden, wie Rußland, Sibirien und die kanadische Rumpffläche. Hier kann er gebahnte Straßen entbehren und übertrifft wegen des geringeren Reibungswiderstandes der Schneefläche sogar den Wagen an Schnelligkeit.

Die alten Perser, die Römer und die Chinesen waren die ersten, die Straßen bauten; das Mittelalter sank wieder auf die Stufe des Saumverkehrs zurück, und erst im 17. Jhrdt. beginnt wieder der systematische Straßenbau, zuerst in Frankreich durch den Minister COLBERT. Den längsten Widerstand leistete natürlich das Hochgebirge; die erste Kunststraße in den Alpen, die über den Simplon, erbaute erst Napoleon Bonaparte am Beginne des 19. Jhrdts.

Kein Staat ist ohne Verkehr denkbar. Menschen und Güter

müssen sich in fortwährendem Kreislaufe befinden, wie das Blut im tierischen Körper. Dies ist eine notwendige Vorbedingung des Zusammenhalts, ohne Verkehr würde der Staat in seine Atome zerfallen. Aber nicht nur mittelbar dienen die Straßen dem Staate, auch unmittelbar. Ja, die der alten Perser und der Römer wurden überhaupt nicht zu Handels-, sondern zu politischen und militärischen Zwecken angelegt. Sie waren die Klammer, die die weit ausgedehnten Reiche zusammenhielten. Es ist bezeichnend, daß der Straßenbau erst im Zeitalter der napoleonischen Eroberungskriege ein rascheres Tempo einzuschlagen begann, und daß man die am sorgfältigsten gebauten Straßen Heeresstraßen nannte.

Eisenbahnen. Eine radikale Umgestaltung erfuhr der Landverkehr erst durch die Anlage von Spurbahnen und die Anwendung der Dampfkraft. Spurbahnen, in Stein gehauen, waren schon im Altertum (Ägypten, Griechenland) bekannt; im Mittelalter kamen die eigentlichen Vorläufer unserer Eisenbahnen, die Spurbahnen mit Holzschienen auf, und erst im 18. Jhrdt. trat die Eisenschiene an die Stelle der Holzschienen. Bisher wurden diese Spurbahnen nur im Bergwerksbetrieb verwendet, für den eigentlichen Verkehr kam dieses neue Vehikel erst in Betracht, als RICHARD TREVETHICK 1804 den Dampf als bewegende Kraft einführte, und GEORG STEVENSON 1814 den Maschinen eine zweckmäßige Gestalt und Einrichtung gab. Am 27. September 1825 — eines der wichtigsten Daten der Weltgeschichte! — wurde in England die 42 km lange Eisenbahnstrecke Stockton—Darlington eröffnet, und damit überhaupt erst die Brauchbarkeit des neuen Verkehrsmittels erwiesen. Aber es dauerte noch längere Zeit, bis es sich allen Anzweifelungen zum Trotz allgemein durchsetzte. Auf dem europäischen Festland (in Österreich und Frankreich) begnügte man sich zuerst mit Pferdebahnen, die Dampfbahn kam nach England zuerst (1829) in den Vereinigten Staaten von Amerika und 1835 in Belgien und Deutschland (Strecke Nürnberg—Fürth) in Gebrauch. Damit war der Sieg gewonnen, und von von da ab entwickelte sich das Eisenbahnnetz mit steigender Geschwindigkeit. Darin besteht die kulturelle Bedeutung der Eisenbahn in noch höherem Grade, als in der Schnelligkeit der Beförderung von Personen und Waren, und sie wird noch dadurch gesteigert, daß nun auch der Bau von Kunststraßen neue Impulse empfing, und somit wurde der ganze Verkehr auf eine Grundlage von ungeahnter Breite gestellt.

Trotzdem sind selbst in Europa die Unterschiede noch beträchtlich. Man kann in doppelter Weise einen zahlenmäßigen Ausdruck dafür finden, wie aus nachstehender Tabelle hervorgeht, in der ersten Kolumne nehmen die Zahlen mit der Dichte des Eisenbahnnetzes ab, in der zweiten steigen sie.

	Eisenbahnlänge auf 1000 qkm km	Mittlere Maschenbreite[1] km
Luxemburg (1910) . . .	203	9,8
Belgien (1912)	160	16,0
Großbritannien (1912)	133	14,9[2]
Schweiz (1912).	124	16,1
Deutsches Reich (1913)	116	17,1
Niederlande (1913)	99	21,0
Frankreich (1912) . . .	95	20,9
Dänemark (1891) . . .	91	21,9
Österreich-Ungarn (1913)	69	28,9
Italien (1912)	62	32,5
Schweden (1912)	32	62,8
Portugal (1913)	32	61,6
Rumänien (1913)	28	61,8
Spanien (1912).	29	68,2
Griechenland (1912)	23	80,5
Bulgarien (1913)	25	86,3
Serbien (1913)	18	111,1
Europäische Türkei (1911)	12	169,8
Europäisches Rußland (1913)	11	174,3
Norwegen (1912)	9	209,0
Montenegro (1909)	2	1009,1
Ver. Staaten von Amerika (1912)	50	38,2
Java (1911)	17	117,0
Japan (mit Formosa u. Korea, 1912)	14	141,0
Britisch-Indien (1912).	12	173,2

Wenn auch angenommen werden darf, daß sich die Unterschiede mit der Zeit mildern werden, so ist doch nicht anzunehmen, daß sie ganz verschwinden werden. Nicht bloß deshalb, weil die Geländeschwierigkeiten verschieden sind, sondern auch deshalb, weil es für jeden Staat eine Grenze geben muß, wo die Erweiterung des Eisenbahnnetzes vom volkswirtschaftlichen Standpunkte nicht mehr lohnend ist. Das hängt namentlich auch davon ab, wie sich die ergänzenden Landwege innerhalb der Maschen des Eisenbahnnetzes entwickeln, und welche Ausgestaltung die Wasserwege erfahren werden.

---

[1] Berechnet nach der Formel von BÖTTCHER (Geograph. Zeitschrift 1900, S. 635): Flächeninhalt dividiert durch $\frac{1}{2}$ Eisenbahnlänge. Die Fläche wird hier als ein Quadrat gedacht und die eine Hälfte der Linien in horizontale, die andere in vertikaler Richtung in gleichen Abständen (Maschenweite) darüber gelegt.

[2] Einschließlich der Vizinalbahnen.

In Europa und Nordamerika steht die Eisenbahndichte im geraden Verhältnis zur Dichte der Bevölkerung, und das Eisenbahnnetz ist daher in Industriestaaten ungleich engmaschiger als in Agrarstaaten; für Länder, die der modernen, auf Naturwissenschaften und Technik beruhenden Zivilisation noch nicht erschlossen sind, gilt dieser Satz, wenigstens derzeit, noch nicht. In China befindet sich der Eisenbahnbau erst in den Anfängen; es ist unabsehbar, welchen Umfang der Welthandel annehmen wird, wenn einmal dieses an Naturschätzen so reiche, von mehreren hundert Millionen emsiger und intelligenter Menschen bewohnte Land einmal von etwa ebensoviel Eisenbahnen durchzogen sein wird, wie Europa. Das ist nur eine Frage der Zeit, und darin liegt die ungeheure Wichtigkeit des vielverzweigten ostasiatischen Problems, dessen Lösung dem 20. Jhrdt. vorbehalten bleibt.

In den Kolonialländern, wo erst die Grundlagen einer Zivilisation gelegt werden müssen, schlägt der Eisenbahnbau einen anderen Entwicklungsgang ein. Unabhängig von der Siedelungsdichte folgt er dem Handel nicht nach, sondern geht ihm voran. Seine Aufgabe ist, neue Räume und Hilfsquellen zu erschließen. In der Westhälfte Nordamerikas hat sich diese Methode durchaus bewährt; ob das auch im tropischen Afrika der Fall sein würde, wurde von vielen angezweifelt, bis die Ugandabahn ihre Kulturmission glänzend erfüllt hat.

Gebirge schienen lange Zeit von der Wohltat des neuen Verkehrsmittels ausgeschlossen zu sein. Es ist ein Verdienst Österreichs, hier bahnbrechend vorgegangen zu sein. Die Semmeringbahn (1854) hat bewiesen, daß der Dampfwagen auch alpine Steigungen zu überwinden vermag. Wo die Höhen zu groß und steil sind, werden die Bergrücken einfach mittels eines Tunnels durchbrochen. Der Montcenis gab 1871 das erste Beispiel hiervon. Seitdem sind Hochgebirge kein Verkehrshindernis mehr. Die Oroyabahn in den peruanischen Andes ist, von den Bergbahnen nach Aussichtspunkten, die hier nicht in Betracht kommen, abgesehen, die höchste (4769 m), die auch dem Güterverkehr dient. Aber nicht bloß an Intensität hat der Güteraustausch gewonnen, sondern er hat auch einen anderen Charakter angenommen. Auf Saumtieren und Wagen konnten nur Waren von mäßigem Umfange transportiert werden und da nahm er mit der Entfernung in geometrischer Progression ab. Nur das Schiff konnte noch Massengüter weitab vom Erzeugungsort führen, wie z. B. Getreide von Ägypten nach dem kaiserlichen Rom. Der Fern- und vor allem der Welthandel aber mußte sich auf Waren von geringem Umfang und Gewicht, dafür aber von hohem Werte beschränken, auf feine Stoffe, Edelmetalle, Pretiosen, Gewürze, kostbares Rauchwerk u. dgl.

Nahrungsmittel und die meisten Rohstoffe blieben der heimischen Produktion vorbehalten. Auf der Eisenbahn fallen alle Beschränkungen fort. Die Massengüter rücken an die erste Stelle, und die Luxusgüter treten relativ immer mehr in den Hintergrund. Das wirkt wieder auf die ganze wirtschaftliche Struktur zurück; eine so gewaltige Entwicklung, wie die der britischen Industrie, und ihr Sieg über die Landwirtschaft wäre ohne die Eisenbahnen undenkbar gewesen.

Was wir oben von den Heeresstraßen des alten römischen Reiches gesagt haben, daß sie Klammern waren, die den breiten Körper des Reiches zusammenhielten, das gilt von den Eisenbahnen in noch höherem Maße. Die Pazifikbahnen Nordamerikas, die die atlantische Seite mit der pazifischen auf dem annähernd kürzesten Wege verbinden, müssen vor allem unter diesem politischen Gesichtspunkte beurteilt werden. Gewiß stellen diese Verkehrsstraßen nur einen äußeren Zusammenhang her, aber einen von unendlicher Wichtigkeit, der dem inneren Zusammenhang wirksam vorarbeitet. Fast noch höher ist die Bedeutung der sibirischen Eisenbahn anzuschlagen, denn in diesem Falle ist die Entfernung des pazifischen Gestades von dem politischen Mittelpunkte des Reiches noch größer und daher der Zusammenhang noch lockerer. Die Hedschasbahn, die Konstantinopel mit den heiligen Stätten des Islam verbindet, soll das wenig zuverlässige Arabien mit dem türkischen Reiche fest verketten und damit auch eine neue Stütze für die religiöse Einheit der Türkei schaffen. Wichtige Projekte, wie das der panamerikanischen Bahn von Halifax bis Buenos Aires, die dem politischen und wirtschaftlichen Einflusse der Vereinigten Staaten in Südamerika zum Siege verhelfen soll; das der Bahnverbindung des Kaplandes mit Ägypten (Kapstadt—Kairo), die die wichtigsten Teile Afrikas der englischen Herrschaft ausliefern würde; endlich die sog. Bagdadbahn (Berlin—Konstantinopel—Persischer Golf), die dem geplanten festen Bunde der mitteleuropäischen Staaten mit dem Orient ein sicheres Rückgrat geben würde — alle diese Entwürfe sind erst zum kleinen Teil in Ausführung begriffen, eröffnen aber weite politische und wirtschaftliche Perspektiven.

Daß die politische Bedeutung der Eisenbahnen vor allem auch darin liegt, daß sie, wie die Straßen des römischen Reiches, militärischen Zwecken dienen, bedarf keiner weiteren Auseinandersetzung. Gerade das Zusammenwirken kommerzieller, politischer und strategischer Zwecke macht die Eisenbahn zum Grundpfeiler der modernen menschlichen Gesellschaft.

In neuester Zeit schien der Eisenbahn im Kraftwagen oder

Automobil ein Konkurrent zu erstehen. Er hat vor jener den Vorzug, daß er keiner Schienen bedarf und daher eine viel größere Bewegungsfreiheit besitzt. Das ist aber auch alles. Im Personenverkehre leistet er ausgezeichnete Dienste, im Güterverkehre so gut wie keine.

Wasserstraßen. Der einzige gefährliche Konkurrent der Eisenbahn ist die Wasserstraße, denn der Verkehr auf dem Schiff oder dem Floß ist unter allen Umständen am billigsten. Die Wasserstraße eignet sich daher vorzüglich zur Weiterbeförderung von Massengütern, die einen großen Raum einnehmen, und die auf Schnelligkeit keinen großen Anspruch machen. Jedoch wird sie selten unmittelbar von der Natur geboten. Freie Fahrt gewähren nur das Meer und die Seen des Festlandes, sofern sie eine genügende Tiefe besitzen. Die kanadischen Seen, eine ununterbrochene Wasserfläche von 244400 qkm, fast so groß wie Italien, sind für die Vereinigten Staaten und Kanada ein Verkehrszentrum ersten Ranges. Ihre Handelsflotte hatte 1914/15 einen Tonnengehalt von 2818000, mehr als die Hälfte der atlantischen (4310000) und mehr als doppelt soviel als die der übrigen Gewässer der Union (1261000). Keiner der anderen großen Seen der Erde kann sich mit ihnen messen, weil keiner in einer so produktiven Umgebung liegt, und weil keiner einen so bequemen Ausgang zum Meere besitzt, wie den Lorenzstrom. Den Landstraßen vergleichbar sind nur die Flüsse, weil auch hier der Verkehr sich nur in linearer Richtung bewegt. Aber selten kann die Flußschiffahrt sofort in Betrieb gesetzt werden. In den meisten Fällen muß erst der Mensch korrigierend eingreifen durch Kanalisation (Eindämmung der Ufer), durch Beseitigung von Hindernissen im Flußbette, durch Abschneidung der Serpentinen und Geradstreckung des Flußlaufes, wodurch ein größeres Gefälle erzielt und die Versandung des Bettes verhindert wird; endlich unter Umständen durch Errichtung von Querdämmen (sog. Talsperren), wodurch das Hochwasser gestaut und der Abfluß geregelt wird. Die höchste Leistung der Flußtechnik ist die Verknüpfung zweier nach entgegengesetzter Richtung fließender Gewässer, die Überwindung der Wasserscheide, sei es mit, sei es ohne Hilfe von Schleusen; im letzteren Falle hat schon die Natur vorgearbeitet.

Flüsse sind also nur selten natürliche Straßen im vollsten Sinne des Wortes. Die Donau, der einzige mitteleuropäische Strom, der von W nach O fließt, ist wie berufen, die Verbindung zwischen dem Herzen Europas und dem Orient herzustellen, und doch, wie schlecht hat sie diese Aufgabe bisher erfüllt. Im Vergleiche mit dem Rhein ist sie ein öder Fluß. Die Ursache liegt in ihrer wechselnden Tiefe und in der

Beweglichkeit ihrer Flußsohle. Sandbänke und Felsriffe hindern die Schiffahrt vom Quellgebiet bis über das Eiserne Tor hinaus. Nach Gratz kann sie den Ansprüchen der modernen Großschiffahrt erst dann genügen, wenn sie überall so tief ist, daß sie auch bei Niederwasser von vollbeladenen Schiffen von 650 Tonnen befahren werden kann.

Herm. Wagner zählt jetzt nur vier Hauptgebiete des Wasserverkehrs: den Amazonas (der übrigens von den Eingeborenen nicht benutzt wird), den Kongo, die Südhälfte Chinas und Nordamerika. Diese Beschränkung ist übrigens keineswegs durch die Natur bedingt, die Wasserstraßen sind vielmehr durch die Eisenbahnen über Gebühr in den Hintergrund gedrängt worden, selbst dort, wo die Verhältnisse für den Wasserverkehr günstig liegen, wie in den Vereinigten Staaten oder in Frankreich, wo die Kanalverbindung zwischen dem Atlantischen Ozean und dem Mittelmeer so außerordentlich erleichtert ist und daher auch verhältnismäßig früh benutzt wurde. Selbst im europäischen Rußland, dem Lande der großen Ströme, die radial angeordnet sind und deren Verknüpfung wegen der Flachheit des Geländes keine namhaften Schwierigkeiten im Wege stehen, beträgt die Maschenweite des Wasserstraßennetzes (320 km) nur die Hälfte der des Eisenbahnnetzes. Indes bahnt sich jetzt eine Reaktion gegen die einseitige Bevorzugung der Eisenbahnen an. Gerade in Deutschland treten die Kanalprojekte immer mehr in den Vordergrund des Interesses. Es handelt sich hier um zwei Gruppen von Projekten. Die erste bezieht sich auf das norddeutsche Flachland, das von südnördlichen Flüssen durchschnitten wird, zwischen denen eine ostwestliche Verbindung hergestellt werden soll. Die natürlichen Bedingungen sind günstig, denn in letzterer Richtung erstreckt sich eine große Mulde, in der schon seit Jahrzehnten durch eine fortlaufende Wasserstraße Weichsel, Oder und Elbe miteinander verknüpft sind. Zwischen Magdeburg und Hannover klafft noch eine Lücke, dann aber folgt eine neue Kanallinie über Minden a. d. Weser zur Ems und von da zum Rhein, der an dem großen Flußhafen Duisburg erreicht wird. Wirtschaftlich ist diese ostwestliche Wasserstraße von größter Bedeutung, weil sie die beiden größten Gegensätze innerhalb des Deutschen Reiches, des Ruhrkohlen- und niederrheinischen Industriegebietes mit den östlichen Ackerbaubezirken in bequeme und billige Verbindung setzt. Die zweite Gruppe umfaßt alle natürlichen und künstlichen Wasserstraßen, die von der Donau ausgehen und zu den norddeutschen Meridionalflüssen führen. Die Kopfstation des einen Kanals ist München: er verläuft über Nürnberg nach Bamberg zum Main und findet hier Anschluß an die Wasserstraße des Rheins, die seit dem Mittelalter die wichtigste Deutschlands war. Der älteste Versuch, Rhein und Donau miteinander zu verknüpfen, und zwar durch Überwindung der nur 5 m hohen Wasserscheide zwischen Rezat und Altmühl oberhalb Nürnberg, wird schon Karl d. Gr. zugeschrieben. Von Bamberg geht der geplante Kanal nordwärts nach Münden a. d. Weser und mit Hilfe dieses Stromes nach Bremen und zur Nordsee. Dieses Projekt, das verhältnismäßig die geringsten Schwierigkeiten bietet, dürfte, da das zweite Hauptagrargebiet Deutschlands, die bayerische Hochebene, daran besonders interessiert ist, zuerst zur Ausführung gelangen; einer späteren Zeit dürften die von Wien ausgehenden Kanalverbindungen Donau—Elbe und Donau—Oder und —Weichsel vorbehalten bleiben.[1] Immerhin, die Wichtigkeit der Binnenschiffahrt für die wirtschaftliche Stärkung der Staaten ist erkannt, und dieser Gedanke wird nicht mehr von der Tagesordnung verschwinden. Freilich wird das Schiff niemals den Eisenbahnwagen verdrängen, aber sie können sich ergänzen.

Seeverkehr und Welthandel. Das Meer ist eine Straße eigener Art, einmal wegen seiner Größe, die nach allen Richtungen freie Bahn schafft, dann wegen seiner Allgegenwart, die nur durch insulare Landmassen verschiedenen Umfangs unterbrochen wird, endlich wegen des unmittelbaren Zusammenhanges seiner Teile mit alleiniger Ausnahme des Packeisgürtels im N des Atlantischen und des Großen Ozeans. Übertroffen wird das Meer nur von der Lufthülle der Erde, aber vom Verkehrsstandpunkt aus betrachtet, stecken Luftschiffe und Flugzeuge trotz ihrer staunenswerten Fortschritte doch noch in den Kinderschuhen und kommen hier nicht weiter in Betracht.

Es ist klar, daß alle Anwohner des Meeres durch die Verkehrsmöglichkeiten, die sich ihnen ungesucht bieten, eine Vorzugsstellung einnehmen. Mit Recht hat unser großer Nationalökonom FRIEDRICH LIST die Binnenvölker als die Stiefkinder unseres Herrgotts bezeichnet. Man sollte erwarten, daß der Fernverkehr von jeher das Meer aufgesucht habe, und doch ist dem nicht so. Das bewegliche Element des Wassers schreckt den Menschen ab; hinauszufahren in das weite Meer, in das Unbekannte, erweckt ihm Grauen. Daher sind viele Küstenvölker, wie in Afrika und Amerika, niemals Seefahrer geworden. Aus eigenem Antriebe werden sich verhältnismäßig wenige in das Meer hinausgewagt haben. Die hamitischen Völker am Indischen Ozean

---

[1] E. RÁGÓCZY, Das Projekt eines nordsüdlichen Großschiffahrtsweges zur Verbindung des Nordens mit dem Main, der Donau und dem Schwarzen Meer; Petermanns Mitteilungen 1916, S. 321, 366 u. 405.

und Mittelmeer, die Normannen, die Malaien, die Feuerländer, die Eskimo dürften als solche ursprüngliche Seevölker gelten; sie haben dann, indem sie fremde Küsten besuchten, auch die Zaghafteren angeregt, und nur dadurch hat 'die Kunst der Meerschiffahrt eine weite Verbreitung gefunden, und viele Schüler haben ihre Meister überflügelt, wie die Phöniker, die Puna im südwestlichen Arabien, die Griechen' und vielleicht auch die Chinesen und Japaner, die von RICHTHOFEN[1] noch zu den originalen Seefahrern gerechnet werden.

Zu der natürlichen Begabung eines Küstenvolkes muß sich aber noch eine günstige Küstengestaltung hinzugesellen, nur die Vereinigung beider Bedingungen kann ein großes, meerbeherrschendes Schiffervolk erzeugen. Günstig wirkt die freie, durch keine Barren verriegelte Mündung eines großen Stromes, der ein produktenreiches Hinterland durchströmt, wie die Elbe, der Ganges, der Rio de la Plata usw., oder die Aneinanderreihung von kleinen Buchten mit guten Ankerplätzen und unter dem Schutz vorgelagerter kleiner Inseln, wie die Küste Norwegens (v. RICHTHOFENS fortlaufende Verkehrsküste), oder endlich Gegenküsten. Während die Verkehrsküste vor allem zur Küstenschiffahrt lockt, gibt eine Küste, der in sichtbarer Ferne eine andere Küste gegenüberliegt, Veranlassung zu wagemutigen Fahrten in das offene Meer hinaus. Nirgends hat sich der erziehende Einfluß der Gegenküste deutlicher geoffenbart, als im Ägäischen Meer, wo im Umkreise der Kykladen immer, wenn man eine Gegenküste erreicht hat, eine neue auftaucht, und so das Schiff, von einem Zielpunkte zum anderen geleitet, endlich das ganze Meer durchmißt. Langsamer, aber schließlich doch im gleichen Sinne, wirken weiter vom Festland ab liegende Inseletappen; in weiten, insellosen Meeresräumen bildeten vor Einführung der Dampfkraft regelmäßige Winde und Meeresströmungen die Leitlinien der Segelschiffahrt.

‾ Es ergibt sich aus dem Obigen, daß es immer nur einige wenige große Seemächte gegeben hat, die auf dem Weltmarkte den Ton angegeben haben.

Entwicklung des Weltverkehrs. Drei Ereignisse, die rasch aufeinander folgten, scheiden die voratlantische von der atlantischen Periode; 1492 die Entdeckung Westindiens durch COLUMBUS, 1497 die Wiederentdeckung Nordamerikas durch JOHN CABOT und 1498 die Umsegelung Afrikas und die Landung des Portugiesen VASCO DA GAMA in Vorderindien. Die geistige, politische und wirtschaftliche

---

[1] FERDINAND V. RICHTHOFENS Vorlesungen über allgemeine Siedlungs- und Verkehrsgeographie, herausgegeben von OTTO SCHLÜTER, Berlin 1908, S. 254.

Umwälzung, die im Gefolge dieser Ereignisse eintrat, vollzog sich im Laufe weniger Jahrzehnte.

Die voratlantische Periode wurde dadurch charakterisiert, daß sich der Weltverkehr auf zwei getrennten Schauplätzen abspielte, auf dem mittelmeerischen und auf dem indischen. Auf jenem ruhte der Welthandel, der in dem Austausch nordeuropäischer Erzeugnisse mit solchen der asiatischen Tropen bestand, vorzugsweise in den Händen von Tyrus, Athen, Korinth, Karthago, Masallia, Alexandrien und Rom, die teils neben-, teils nacheinander ihre Rollen spielten, bis endlich Rom das Übergewicht bekam. Nach dem Untergange des weströmischen Reiches trat Konstantinopel an die Spitze der Welthandelsbewegung und erhielt sich auf ihr bis in das Zeitalter der Kreuzzüge, die Venedig in meisterhafter Weise benutzte, um sich auf die erste Stelle aufzuschwingen. Das vermittelnde Glied zwischen den beiden Weltmärkten, dem mittelmeerischen und dem indischen, war je nach den politischen Machtverhältnissen bald Mesopotamien, Syrien und Kleinasien, bald Ägypten. In der atlantischen Periode, in der wir noch leben, die sich aber in nicht zu ferner Zeit durch völlige Einbeziehung des Großen Ozeans zu einer allozeanischen auswachsen wird, verschmelzen und erweitern sich die ost- und westindischen Weltmärkte, und der mittelmeerische tritt in den Hintergrund und wird durch den atlantischen abgelöst. Damit verschob sich der politische Schwerpunkt nach der Westseite Europas, auf Spanien und Portugal folgte Holland und auf dieses England; die Metropolen des Welthandels wurden nacheinander Lissabon, Amsterdam, London. Erst die Eröffnung des Suezkanals brachte in diese Verhältnisse wieder eine neue Note, indem sie Ägypten und das Mittelmeer wieder in den großen Strom des Weltverkehrs einschaltete. Die mediterranen Mächte versäumten aber, diese günstige Gelegenheit zur politischen Stärkung zu benutzen, und der ganze Vorteil fiel England, also einer atlantischen Macht zu. Wenn es den Briten gelingen sollte, durch eine Eisenbahn über Palästina auch noch den zweiten Zugang zum indischen Weltmarkt zu gewinnen, so werden die Länder am Mittelmeer den ihnen durch ihre geographische Lage zustehenden Anteil am Weltverkehr und Welthandel völlig einbüßen.

Wirtschaftliche Bedeutung. Die wirtschaftliche Bedeutung der Küstenlage gegenüber der Binnenlage besteht darin, daß sie einen ausgedehnteren Handelsverkehr gestattet. Der trägt natürlich auch zur größeren politischen Stärkung der Seestaaten bei. Aber in sehr verschiedenem Grade. Drei Momente sind von entscheidendem Einfluß: die Küstengestaltung, die Beschaffenheit des Hinterlandes und die allgemeine geographische Lage. Griechenlands Übermacht zur See beruhte zum größten Teil auf dem Hafenreichtum seiner gezackten Küste, und kaum minder vortrefflich hat die Natur Großbritannien ausgestattet. Aber die günstigste Küstenform bleibt wertlos, wenn Eis die Buchten und Häfen verschließt. Grönland hat ebenso wie Norwegen eine Fjordküste, aber die grönländische ist infolge Vereisung unzugänglich, die norwegische wird dagegen durch außergewöhnliche Strömungsverhältnisse im nordatlantischen Ozean frei erhalten.

Von nicht geringerer Bedeutung ist es, ob das Hinterland produktenreich oder produktenarm ist, denn schließlich ist jeder Handel Tauschhandel, und die Schiffe laufen in der Regel keine Küste an, an der sie nicht wieder annähernd gleichwertige Rückfracht aufnehmen können. Über den Einfluß der geographischen Lage ist schon auf S. 55 einiges gesagt worden. Hier sei besonders auf den Unterschied ozeanischer und binnenmeerischer Lage aufmerksam gemacht. Solange der Atlantische Ozean noch nicht in den Weltverkehr einbezogen war, hatten das Mittelländische Meer und die Ostsee den Rang von Ozeanen. Damals blühte im N die Hansa und im S konnte sich Venedig zu einer maritimen Großmacht aufschwingen. Die Entdeckung Amerikas drückte die genannten Meere auf die Stufe von Nebenmeeren herab, die nur noch durch den Sund und die Meerenge von Gibraltar mit dem Weltmeer in Verbindung treten können. Die geographische Lage der baltischen und mediterranen Staaten änderte sich mit einem Male und damit auch ihre wirtschaftliche und Machtstellung, wie bereits oben erwähnt wurde. Rußland, das nicht einmal einen freien Ausgang in das Mittelmeer besitzt, hat eine ebenso ausgesprochen binnenmeerische, wie Großbritannien eine ebensolche ozeanische Lage. Wenn sie beide auch gleichviel eisfreie Küstenlänge und gleichviel und gleichwertige Häfen besäßen, so wären sie, obwohl beide Seestaaten, doch nicht miteinander zu vergleichen. Für alle, die, um aus einem Meeresteil in einen anderen zu gelangen, eine enge Wasserstraße passieren müssen, ist der Seeverkehr nur so lange frei, als es derjenigen Macht, die über die Verbindungsstraße gebietet, gefällt. Er kann nicht nur durch Maßnahmen verschiedener Art, z. B. durch Zölle, gehemmt, sondern auch zeitweise gewaltsam unterbunden werden. Gibraltar, die Dardanellen, der Bosporus, der Sund u. a. werden dadurch Machtpunkte ersten Ranges; auch die Straße von Calais kann, obwohl wesentlich breiter, für die Anwohner der Nordsee unwegsam gemacht werden, wenn England mit Frankreich im Bunde ist. Der Weltkrieg hat das zur Genüge bewiesen. Deshalb ist es nicht ausgeschlossen, daß England die Wiederbesitznahme von Calais anstrebt.

Aber auch die ozeanische Lage verbürgt nicht den betreffenden Küstenstaaten den ungehinderten Anteil am Weltverkehr und Welthandel. Seit der epochemachenden Streitschrift des holländischen Rechtsgelehrten HUGO GROTIUS, „De libertate maris" (1609), wurde die Forderung der Freiheit der Meere, die GROTIUS als ein gemeinsames Bedürfnis aller Völker bezeichnete, immer wieder erhoben und blieb doch immer unerfüllt. Wir sehen hier ab von der Seeräuberei, die den Seeverkehr ebenso bedrohte, wie im Mittelalter der Raubritter den Landverkehr, und in manchen Meeresteilen die Schiffahrt völlig unsicher machte. Sie ist verschwunden, aber das schlimmere Übel, der Wettstreit der großen Seemächte, ist geblieben. Als Papst Alexander VI. im Jahre 1493 die nichtchristliche Welt in zwei Interessensphären teilte und die westliche Hälfte den Spaniern, die östliche den Portugiesen zuwies, zogen diese beiden Mächte daraus nicht ohne einen Schein von Recht die Folgerung, daß ihnen auch in ihren Sphären das ausschließliche Recht des Seeverkehrs zustehe. Als dann auch die Holländer, Engländer und Franzosen anfingen, sich am Seeverkehre mit Ostindien und Nordamerika zu beteiligen, da wurde zum ersten Male der völkerrechtliche Grundsatz von der Freiheit der Meere ausgesprochen. Aber obwohl man ihn gegen die Spanier und Portugiesen anwandte, war man doch nicht gewillt, ihn selbst zu befolgen. Schon 1635 wandte sich der Engländer JOHANN SELDEN auf Befehl des Königs Karl I. gegen GROTIUS mit der Schrift: „Das geschlossene Meer oder das Eigentum am freien Meere". Zwar beanspruchten die Engländer anfangs nur die Herrschaft über die Nordsee, aber ihre Machtgelüste steigerten sich, je weiter ihre koloniale Tätigkeit in Nordamerika und Ostindien fortschritt, und schon in den Tagen Cromwells wurde der Gedanke lebendig, daß die Engländer das auserwählte Volk Gottes und zur Weltherrschaft berufen seien. Die Navigationsakte (1651) waren ihr erster Angriff auf die Freiheit des Meeres, und ihre stetig sich vermehrende Flottenrüstung, die Schwäche ihrer Rivalen und die kluge Ausnutzung der jeweiligen Weltlage, nicht zum mindesten auch ihre Skrupellosigkeit und ihre vollendete Unempfindlichkeit im Beugen des Rechts[1] hat sie in der Tat zu Herren des Weltmeeres gemacht. Die Freiheit der Meere ist jetzt ebenso ein toter Begriff, wie im 16. Jhrdt. An Stelle der spanisch-portugiesischen trat die britische Seeherrschaft, die letzten Endes zum gegenwärtigen

---

[1] Dies gesteht der klassische Vorkämpfer des britischen Imperialismus, JOHN SEELEY, selbst ein. Vgl. FELIX SALOMON, Der britische Imperialismus, Leipzig 1916, S. 173.

Weltkriege geführt hat. Man hat sie auch theoretisch zu begründen versucht, indem man darauf hinwies, daß das Meer eine natürliche Einheit sei und daher auch nur einen Herrn vertrage. Der Vordersatz dieses Schlusses ist unrichtig; obwohl das Meer eine zusammenhängende Masse ist, sind doch einzelne Teile, wie das Mittelmeer, von natürlichen Grenzen fast ganz umschlossen und daher ausgesprochene geographische Individuen. Und selbst wenn wir davon absehen, könnte auch der offene Ozean durch mathematische Grenzen ebenso in einzelne Teile zerlegt werden, wie z. B. die Vereinigten Staaten oder Australien. In der Seesperre (s. S. 57), die Deutschland 1917 auf den nordatlantischen Ozean gelegt hat, ist ein praktisches Beispiel dafür gegeben. Die Notwendigkeit der Einheit der Seeherrschaft ist also ein Hirngespinst, und in der Tat hat eine solche Einheit auch niemals bestanden.

Buchstäblich genommen ist Seeherrschaft überhaupt ein Unding, denn nur ein von Menschen bewohnter Teil der Erdoberfläche kann beherrscht werden. Niemandem fällt es ein, in Friedenszeiten die Fahrt auf dem offenen Meer irgendwie zu behindern, aber sobald man sich der Küste nähert, macht sich die Seeherrschaft auch im Frieden fühlbar. Der Kaufmann, der an einer fremden Küste Handel treiben will, braucht nicht einmal Gewalt zu fürchten, er kann schon durch gesetzliche Beschränkungen oder durch Schikanen irgendwelcher Art gehindert werden, seine Absicht auszuführen, oder vor einer Wiederholung seines Versuches abgeschreckt werden. Das ist offenbar die Methode, wie unsere Feinde auch nach dem Kriege unseren überseeischen Handel vernichten wollen. Manche verstehen unter Freiheit der Meere den freien Verkehr von Küste zu Küste auch in Kriegszeiten; es ist aber nicht unsere Aufgabe, zu untersuchen, ob eine so ausgedehnte Freiheit jemals zu erwarten ist.

Und doch scheint davon die Existenzmöglichkeit von Kolonialstaaten überhaupt abzuhängen. Der Krieg kann die Kolonien vom Mutterlande trennen und sie schutzlos dem Feinde preisgeben. Deutschland hat das im gegenwärtigen Weltkrieg erfahren, und die niederländischen Kolonien sind wenigstens ernstlich gefährdet. Darum setzt der Besitz von überseeischen Ländern eine mächtige Seerüstung des Kernlandes voraus, die auch in Kriegszeiten den maritimen Verkehr offenhalten kann. Das haben die Engländer rechtzeitig erkannt, und darauf gründet sich ihre Weltmacht. Eine große Flotte allein genügt nicht, sondern sie muß, wenn sie weite Fahrten machen soll, auch passende Stützpunkte finden, namentlich in unserer Zeit der Dampfschiffe, für deren Ernährung durch Errichtung von Kohlenstationen vorgesorgt werden muß. In mustergültiger Weise haben die Briten

ihre Etappenstationen angelegt. DECKERT[1] machte vor allem aufmerksam auf die drei parallelen Reihen: 1. Gibraltar, Malta, Zypern,
die die mittelmeerische Durchgangsstraße zum Indischen Ozean,
2. Aden, Kolombo, Singapore, die die nordindische Straße und den
Ausgang zu den ostasiatischen Gewässern sichern, 3. Falklandinseln,
Kapstadt, King George Sund (an der Südküste Westaustraliens), die
die höheren antarktischen Breiten beherrschen. Dazu kommen noch
die westatlantischen Besitzungen: die Bermudas, Neufundland und
einige der kleinen Antillen, die einerseits die Verbindung mit Kanada
herstellen, andererseits den Zugang zu Westindien sichern, schließlich
auch die Kette, die zum britischen Reich in Südafrika hinüberführt
und deren Glieder Gambia, Sierra Leone und St. Helena sind. So
sind die vier Hauptteile des überseeischen Großbritannien: Indien,
Südafrika, Australien und Kanada, mit dem Mutterlande fest verbunden; und durch den Besitz von Hongkong, der zahlreichen Kolonien
in der Südsee, durch die britischen Antillen und Britisch Hon-
duras, die den Panamakanal bedrohen können, hat sich England auch
die Möglichkeit vorbehalten, einzugreifen, wenn der Kampf um die
Westhälfte des Weltmeeres entbrennen wird. Trotzdem bleibt der
Zusammenhang des britischen Weltreiches noch immer locker, es
kommt alles darauf an, daß die Schnur, an der diese Etappenperlen
angereiht sind und die sie mit England verknüpft, nämlich die Flotte,
an keiner Stelle reißt. Wir wissen, daß das deutsche Tauchboot in
diesem Punkt eine neue Lage geschaffen hat.

Der **Nachrichtendienst** ist eine notwendige Ergänzung des modernen
Güterverkehrs. Aber seine Bedeutung reicht noch weit darüber hinaus;
wie bereits a. a. St. bemerkt wurde, haben schon die alten Perser und
Römer erkannt, daß ein Staat von größerer Ausdehnung nur dann
gesichert sei, wenn seine einzelnen Teile miteinander und mit dem
politischen Mittelpunkt durch einen zuverlässigen und möglichst
schnellen Nachrichtendienst in Verbindung gesetzt werden können.
Diesen versieht in unserer Zeit vor allem der Telegraph, während
die Post hauptsächlich den Privatverkehr vermittelt. Der Telegraph
ist, ebenso wie die Eisenbahn, ein Mittel, um den äußeren Zusammenhalt der Staaten zu verstärken, ist aber insofern von noch größerer
Wichtigkeit, weil die Herstellung eines Telegraphennetzes mit ungleich
geringerer Arbeit und weniger Kosten verbunden ist, als die eines
Eisenbahnnetzes, und daher selbst in wenig zivilisierten Ländern beträchtlich dichter ist, in Rußland z. B. mehr als dreimal dichter.

---

[1] EMIL DECKERT, Das britische Weltreich, Frankfurt a. M. 1916, S. 130.

Von größter politischer Bedeutung ist der unterseeische Telegraph oder das Kabel, das zuerst, seit 1851, nur im kleineren Maßstab Anwendung fand, seit 1866 aber selbst über Ozeane hinweg Inseln und Festländer miteinander verbindet. Um den Anfang unseres Jahrzehnts hatten folgende Staaten (einschließlich ihrer Kolonien) mehr als 1000 km Kabellinien[1]:

	Anzahl der Kabel	Länge, km
England	523	254 630
Frankreich	134	73 168
Vereinigte Staaten . . . . - .	83	58 844
Deutsches Reich	108	30 186
Dänemark	132	17 770
Japan	126	8 084
Niederlande	51	5 721
Spanien	16	3 536
Italien	41	1 988
Norwegen	627	1 692
Die übrigen Staaten	223	13 229
Zusammen:	2 064	468 848

Das Übergewicht Englands ist eine der augenfälligsten Tatsachen, deren Folgen die Mittelmächte im gegenwärtigen Weltkrieg in empfindlichster Weise schädigten. Für England selbst ist ein großes Kabelnetz eine Notwendigkeit; ohne ein solches wäre es schwierig, die weit verstreuten Glieder des britischen Reiches zusammenzuhalten. Es ist eine der festesten Stützen der englischen Seeherrschaft. Als der große Krieg ausbrach, machte es es unseren Feinden möglich, uns von der überseeischen Welt abzuschneiden und durch systematische Unterdrückung der Wahrheit und unerhörte Lügen fast die ganze Menschheit gegen uns aufzureizen. Deutschland hat schwer dafür büßen müssen, daß es diesem Machtmittel so wenig Aufmerksamkeit geschenkt hat; die Verbindung mit seinen Kolonien hörte auf, und damit war ihr Verlust besiegelt.

Der Einfluß der wirtschaftlichen auf die völkische Struktur.

Die Bevölkerungsdichte. Der Einfluß der wirtschaftlichen auf die völkische Struktur findet seinen klarsten Ausdruck in der Bevölkerungsdichte eines beliebigen Gebietes, d. h. in dessen Bevölkerung, bezogen auf irgendeine Flächeneinheit, z. B. 1 qkm. Ein Vergleich der Staaten

---

[1] Siehe Statistisches Jahrbuch des Deutschen Reichs 1910.

nach ihrer Volksdichte gewährt uns einen raschen Einblick in ihre wirtschaftliche Kraft. In Europa[1] sind die industriellen Staaten am dichtesten bevölkert, dagegen treten die Agrarstaaten weit zurück. Trotzdem ist es unzweifelhaft richtig, daß die Volksdichte von dem Reichtum an Nahrungsmitteln abhängt, nur ist es bei dem heutigen Stande des Verkehrswesens gleichgültig, ob die Nahrungsmittel an Ort und Stelle wachsen oder von anderswo herbeigeschafft werden. Wo dies nicht in so reichem Maße geschehen kann, wie heutzutage in Europa, da liegt in der Tat der Zusammenhang zwischen Nahrungsmittelproduktion und Volksdichte offen zutage. Wenn die Mehrzahl der Tropenländer, auch der fruchtbaren, dem nicht entsprechen, so liegt die Schuld ausschließlich am Menschen. Schlaraffenländer gibt es nicht, fast überall muß die Natur erst durch Arbeit gezwungen werden, ihren vollen Reichtum zu entfalten. Lässigkeit und Unkenntnis sind aber nicht die einzigen Hemmungen. Völker können sich nur in dem Maße vermehren, in dem für die Sicherung des Lebens gesorgt wird. Endemische Krankheiten, unhygienische Lebensweise, Vernachlässigung der Säuglinge, Willkürherrschaft, Aberglaube usw. zehren an dem Mark so vieler Tropenvölker, wenn auch ihre Kinder-

---

[1] Groß- und Mittelstaaten: auf 1 qkm

1. Belgien (1910)		252
2. Niederlande (1909)		171
3. Großbritannien (1911).		144
4. Italien (1911)		121
5. Deutsches Reich (1910)		120
6. Schweiz (1910)		91
7. Österreich-Ungarn (1910)		76
8. Frankreich (1911)		74
9. Dänemark (1911)		69
10. Europäische Türkei		67 (?)
11. Portugal (1911)		65
12. Serbien (1911)		61
13. Rumänien (1913)		54
14. Bulgarien (1910)		45
15. Spanien (1910)		40
16. Griechenland (1907)		37
17. Schweden (1912)		18
18. Europäisches Rußland (1911)		15
19. Norwegen (1910)		7

Schließt man in Rußland die Gouvernements des polaren Tundra- und Waldgürtels (Archangel, Wologda und Olonez), das steppenhafte Astrachan, Finnland, aber auch das nunmehr unabhängige Polen von der Berechnung aus, so erhöht sich die Dichte auf 25.

zahl eine Steigerung der Volksdichte erwarten ließe. Zu dem gleichen Ergebnis führt bei fortgeschrittenen zivilisierten Völkern die künstliche Unterbindung der ehelichen Fruchtbarkeit; Frankreich, das unter den europäischen Staaten erst die 9. Stelle einnimmt, ist ein Beispiel hiervon. Die Bevölkerungsdichte ist also ein Produkt einer Reihe von Faktoren der verschiedensten Art, unter denen aber allerdings die wirtschaftsgeographischen obenan stehen.

Für die Beurteilung der Stärke eines Staates ist sie von untergeordneter Bedeutung; man vergleiche nur Luxemburg mit 100 und Frankreich mit 74 Bewohnern auf dem qkm. Hier kommen nur die absoluten Volkszahlen in Betracht. Von größter Wichtigkeit wäre es, wenn wir das Dichtemaximum eines Landes berechnen könnten; aus dem Vergleiche mit der wirklichen Dichte würde sich dann ergeben, wieweit das betreffende Land noch von seinem völkischen Sättigungspunkt entfernt ist. Vorläufig ist aber keine Aussicht vorhanden, daß wir dieses Problem jemals werden lösen können, ja, es ist überhaupt unwahrscheinlich, ob es ein solches absolutes Dichtemaximum überhaupt gibt, denn dieses setzt die Erreichung des Existenzminimums voraus, und die Menschen werden stets bestrebt sein, die Bevölkerungsdichte herabzudrücken, um dem Minimum ihres Lebensbedürfnisses auszuweichen. Nur annäherungsweise läßt sich einiges aussagen. Rußland könnte z. B. sicher eine viel dichtere Bevölkerung ernähren als jetzt, ob aber auch Belgien oder Großbritannien, möchte manchem als fraglich erscheinen, denn es läßt sich nicht absehen, welcher Entwicklung die Industrie noch fähig ist. Norwegens Volksdichte kann wegen der polaren Lage und der gebirgigen Beschaffenheit des Landes unter den gegenwärtigen Verhältnissen sicher nicht weit über den heutigen Wert steigen, aber eine bergmännische Entdeckung größeren Maßstabes würde ganz neue Bedingungen schaffen.

Die Siedelungen. Die Volksdichtekarten stellen die Sachlage eigentlich so dar, als ob die Menschen gleichmäßig über größere Flächen verteilt wären. In Wirklichkeit leben sie aber in kleineren und größeren Gruppen zusammen, und zwar — soweit die ansässigen und staatenbildenden Völker in Betracht kommen — in Siedelungen von wechselndem Umfange. Die Siedelungsweise ist verschieden: 1. zerstreut, wie z. B. nach TACITUS Zeugnis bei den alten Germanen. In Westfalen hat sich diese Siedelungsweise bis in die neueste Zeit erhalten. Es bestanden einzelne Höfe, die von einer Familie mit ihrem Gesinde bewohnt wurden; IMMERMANN hat in seinem Roman „Der Oberhof" ein anschauliches Bild von diesem Zustand entworfen, der jetzt im allmählichen Schwinden begriffen ist. Mehrere Höfe bildeten eine Bauernschaft, die gewöhnlich den Namen des ältesten und angesehensten Hofes führte. 2. Die geschlossenen Siedelungen sind die Dörfer und Städte. 3. Häufig sind auch sie nicht völlig geschlossen, sondern vereinzelte Einzelsiedelungen, Villen, Bauernhöfe, Klöster, Gefängnisanstalten u. dgl. liegen in ihrer Nähe. Nehmen sie eine größere Fläche ein, und erreicht ihre Bevölkerung gegenüber der der geschlossenen Siedelungen eine ansehnliche Höhe, so nennen wir diese Siedelungsweise eine gemischte. Nur wenige Statistiken erlauben eine Scheidung solcher gemischter Ortschaften in ihre Hauptelemente, wie z. B. in vorbildlicher Weise die italienische. Eine Karte, die ich auf Grund der Zählung von 1901 gezeichnet habe[1], zeigt eine ausgesprochene regionale Anordnung der Mischungsverhältnisse in Italien. 4. Eine konzentrierte Siedelungsweise innerhalb eines Kreises, eines Bezirks, einer Provinz, eines Staates ist dann vorhanden, wenn eine Stadt oder einige wenige Städte alle anderen Siedelungen um ein Bedeutendes überragen. Australien ist durch diese Siedelungsweise besonders ausgezeichnet. Von der Gesamtbevölkerung des Staates Viktoria leben $^2/_3$ in der Hauptstadt Melbourne; Sidney beherbergt 36 v. H. von Neu-Südwales, und im ganzen Bundesstaat Australien, der nahezu so groß ist wie Europa, entfallen 32 v. H. der Bevölkerung auf die sechs Großstädte. In Europa ist Dänemark ein Staat mit konzentrierter Bevölkerung: im Jahre 1911 entfielen 20 v. H. der Bewohner des Königreichs auf Kopenhagen (mit Frederiksberg).

Die Dichtezahlen geben uns einen Fingerzeig zur Beurteilung der Größenverhältnisse der Siedelungen. Zerstreute Siedelungsweise ist mit einer hohen Volksdichte nicht vereinbar; je höher diese ist, desto mehr müssen sich die Menschen in geschlossenen Orten zusammendrängen, desto enger ist das Siedelungsnetz, desto häufiger kann der Fall eintreten, daß mehrere Orte miteinander verschmelzen. Wenn wir die Tabelle auf S. 124 durchmustern, so können wir wohl vermuten, daß die Staaten der ersten Dichtekategorie (über 100000) mehr Großstädte besitzen, als die minder dicht bevölkerten, aber ganz zuverlässig ist dieser Schluß noch nicht; im Jahre 1911 hatte z. B. das europäische Rußland (mit Finnland) 20, Frankreich aber nur 15 Großstädte (mit mehr als 100000 Einwohnern), obwohl dieses nahezu fünfmal dichter bevölkert war als jenes.

Einen guten Einblick in die völkische Struktur und deren Verhältnis zur wirtschaftlichen gewinnen wir, wenn wir die Bevölkerungssummen verschiedener Siedelungskategorien auf die Gesamtfläche des

---

[1] Die Bevölkerung der Erde, Heft XIII, Gotha 1909, S. 104.

betreffenden Gebietes beziehen. Hier ein Beispiel aus dem Deutschen Reiche nach der Zählung von 1905. Vergleichen wir die Regierungsbezirke Allenstein (in Ostpreußen), Düsseldorf und Potsdam einschließlich Berlin miteinander, so erhalten wir als durchschnittliche Dichte 44, 546 und 208. Schon diese Zahlen lassen auf große wirtschaftliche Unterschiede schließen. Noch klarer treten diese aus folgender Tabelle hervor. An der Gesamtdichte beteiligen sich in

	Allenstein	Düsseldorf	Potsdam-Berlin
die Großstädte.	—	237	143
„ Mittelstädte (20—100000 E.).	2	100	14
„ Kleinstädte (5—20000 E.). .	4	105	14
die ländliche Bevölkerung (Siedelungen mit weniger als 5000 E.)	38	104	37
Zusammen:	44	546	208

Allenstein repräsentiert den ländlichen und agrarischen, Düsseldorf den städtischen und industriellen Typus, obwohl — und das ist besonders hervorzuheben — die ländliche Bevölkerung hier dichter ist als dort. Potsdam-Berlin hat, wie sich aus dem beträchtlichen Übergewicht der Großstadt erweist, konzentrierte Siedelungsweise, aber daß es bereits am Rande des überelbischen Ackerbaugebietes liegt, zeigt sich in der relativ hohen Dichte der ländlichen Bevölkerung.

Gemeinde und Ortschaft. Die Gemeinde ist die unterste Verwaltungseinheit und demnach ein politischer Begriff, Ortschaft ist eine abgeschlossene Gruppe von Siedelungen und somit ein geographischer Begriff. Trotzdem werden sie in der Mehrzahl der statistischen Veröffentlichungen einfach einander gleichgesetzt. Allerdings decken sich beide Begriffe häufig, aber oft besteht eine Gemeinde aus mehreren Ortschaften oder eine Ortschaft aus mehreren Gemeinden. Der erste Fall ist in vielen Ländern, z. B. in Südeuropa, und in Gebirgen sehr häufig. Besonders in Spanien, worüber uns der vom Madrider geographisch-statistischen Institut herausgegebene „Nomenclator de los ciudades, villas" etc. zum ersten Male aufgeklärt hat. Murcia z. B. hielten wir für eine Großstadt (111539 E. im Jahre 1900), jetzt wissen wir, daß es in Wirklichkeit nur eine Mittelstadt mit 32000 E., aber mit nicht weniger als 118 Ortschaften, die bis zu 34 km vom Hauptort entfernt sind, und von denen zwei sogar mehr als 10000 Einwohner haben, und mit 5913 zerstreuten Siedelungen zu einer Gemeinde vereinigt ist. Manche solcher Riesengemeinden sind an Flächeninhalt unseren preußischen Kreisen vergleichbar. Der zweite der oben erwähnten Fälle ist vielleicht noch häufiger. Wer von Berlin durch das Brandenburger Tor nach W wandert, kommt, ohne es zu merken, durch eine lückenlose Häuserreihe in eine zweite Großstadt, Charlottenburg. In gleicher Weise waren 1905 noch 20 andere Städte und Dörfer mit Berlin verwachsen. Sie alle waren einst auch geographisch selbständig und haben ihre politische Sonderexistenz meist nur aus administrativen, fiskalischen und anderen Gründen bewahrt. Brüssel zählte 1906 als Gemeinde nur 200000 E., als Ort aber 640000 E. In neuester Zeit ist fast überall die Tendenz bemerkbar, diesen Widerspruch aufzulösen und auf dem Wege der „Eingemeindung" das, was geographisch zusammengehört, auch politisch zu vereinigen.[1]

Auf diese Weise sind die meisten unserer Großstädte zu ihrem heutigen Umfang herangewachsen.

Verschiedenheit der Ortschaften. Sobald die Menschen seßhaft werden und näher aneinander rücken, wird nicht nur das wirtschaftliche, sondern das ganze gesellschaftliche Leben auf dem Prinzip der Teilung der Arbeit aufgebaut. Das Volk gliedert sich in Berufsklassen. Die geistigen Berufe scheiden sich von den wirtschaftlichen, und sie alle unterliegen wieder einem immer weiter gehenden Differenzierungsprozeß; die ganze Zivilisation, aller Fortschritt beruht darauf. Hand in Hand damit geht auch die Tendenz der wirtschaftlichen Berufe, sich räumlich zu trennen, namentlich Landwirtschaft einer-, Gewerbe und Handel andererseits. Im Mittelalter wurde diese Tendenz noch dadurch verschärft, daß die Dörfer offene, die Städte umschlossene Siedelungen waren. Indes tritt keine völlige Trennung ein, selbst im Dorfe sind Gewerbe und Handel untergeordnet vertreten, und in den Landstädtchen ist noch ein großer Teil der Bevölkerung mit Ackerbau beschäftigt. Aber die größeren Städte schließen den landwirtschaftlichen Betrieb nahezu völlig aus. Die einen pflegen Industrie und Handel gemeinsam, andere nur einen oder den anderen dieser Wirtschaftszweige. Die Geographie hat die natürlichen Bedingungen aufzusuchen, die eine Stadt in eine gewisse Richtung drängt. Nur muß man dabei nicht aus dem Auge verlieren, daß sehr häufig auch Motive nichtgeographischer Art mit im Spiele sind. Industrieorte liegen in der Nähe von Rohstoffgebieten und Kohlenfeldern, aber auch in Gegenden, wo keine dieser natürlichen Bedingungen erfüllt ist; große Handels- und Verkehrsstädte bevorzugen die Lage an den Ufern und der Mündung und an den natürlichen Übergangsstellen mächtiger

---

[1] Ich habe dieses „Prinzip der kombinierten Ortszahl", wie ich es genannt habe, schon seit Jahren in der „Bevölkerung der Erde", soweit meine Hilfsmittel es gestatteten, konsequent durchgeführt.

Flüsse, an hafenreicher Küste, an dem Kreuzungspunkt natürlicher Verkehrswege, an der Grenze von orographisch und wirtschaftlich verschiedenen Geländeteilen, wie z. B. von Gebirge und Ebene, an Umladeplätzen, wo ein Beförderungsmittel durch ein anderes ersetzt wird; aber zu allen Zeiten hat auch die Kunst eingegriffen, um den Verkehr von seinen natürlichen Bahnen abzulenken. Militärische Zwecke spielen dabei auch eine große Rolle; mit einem Wort, es ist ein müßiges Beginnen, die Existenz jedes wichtigeren Ortes aus dessen Lage abzuleiten.

Hauptstädte. Jede politische Einheit, die Gemeinde, der Kreis, der Bezirk, die Provinz und endlich auch der Staat muß einen Mittelpunkt haben, von dem die alles zusammenhaltenden Fäden ausgehen. Für uns sind die Hauptstädte der Staaten am wichtigsten.

Die Hauptstadt kann älter oder jünger als der Staat sein. Bei den Stadtstaaten des klassischen Altertums und des Mittelalters war das erstere der Fall. Bis zum Jahre 88 v. Chr. war Rom nicht die Hauptstadt des damals schon mächtigen römischen Reiches, sondern das Reich selbst, und alles übrige eroberte Land nur eine Beigabe ohne politische Selbständigkeit, ohne Einfluß auf den Gesamtstaat. Erst die Verleihung des römischen Bürgerrechts, zuerst nur an die Italiker, dann auch an die anderen Völker des Reiches, schuf einen neuen Rechtszustand. Rom sank von der Beherrscherin zur Hauptstadt herab. Als mit dem Untergang der Republik auch die römische Volksversammlung ihre politische Macht einbüßte, war Rom nur mehr Kaiserresidenz und Regierungssitz, und nun verfiel es demselben Schicksal, wie soviele Hauptstädte der zweiten Art, die aus verschiedenen politischen Gründen, manchmal auch nur um der Laune des Herrschers zu genügen, an eine andere Stelle verlegt wurden. Maximian residierte immer, Diocletian zeitweise in Mailand, letzterer auch in Nicomedia in Kleinasien. Konstantin d. Gr. verlegte die Residenz dauernd nach der von ihm neu gegründeten Stadt am Bosporus, die seinen Namen trägt; und als das römische Reich geteilt wurde, wählte Kaiser Honorius zur Hauptstadt der westlichen Reichshälfte nicht das altehrwürdige Rom, sondern die große Flottenstation Ravenna, die diese Stellung bis zum Untergang des Reiches beibehielt.

Solange die Hauptstädte, aus denen der Staat erwuchs, wie der Baum aus einem kleinen Samenkorn, mit dem Staat identisch bleiben, sind sie bodenständig, dann können sie bodenvag werden. Freilich selten sind die Verschiebungen so groß, wie im römischen Reiche. Solche vollziehen sich nur dann, wenn der Staat sich völlig neu orientiert. Die Verlegung der Hauptstadt bedeutet dann eine Ver-

Supan, Leitlinien. 9

legung des politischen Schwerpunktes. Das bekannteste Beispiel aus
der neueren Geschichte bietet Rußland, dessen ältere Hauptstadt
Moskau die kontinental-nationale, und dessen jüngere, Petersburg,
die maritim-europäische Phase in der Entwicklung des Reiches kenn-
zeichnet. Die Hauptstadt der Vereinigten Staaten von Amerika,
Washington, gehört noch der früheren Periode der Union an, die
damals nur die atlantischen Küstenländer umfaßte; seitdem hat sie
sich über das ganze Innere und die Westhälfte ausgedehnt, und die
Zeit wird nicht mehr fern sein, wo es sich als unabweisbares Bedürfnis
fühlbar machen wird, die Hauptstadt in die mediane Furche, etwa
nach Chicago oder noch besser nach St. Louis zu verlegen. In
unfertigen Staaten tragen die Hauptstädte nur einen provisorischen
Charakter und sind im vorhinein schon auf das Wandern angewiesen.
Burgas, Valladolid, Madrid bezeichnen Etappen in dem Kampfe des
christlichen Spaniens gegen die Mauren. Adrianopel war für die
Türken nur eine Vorstufe zu Konstantinopel, wie Florenz für das
Königreich Italien nur ein Rastort auf der Wanderung nach Rom.
Häufig vollziehen sich die Verschiebungen nur innerhalb enger Grenzen;
dann haben wir zwischen dem Hauptgebiet und der Hauptstadt zu
unterscheiden, und es kommt weniger darauf an, die Lage der letzteren,
als die des ersteren zu erklären. In Schweden konnte es nur in dem
klimatisch begünstigten südlichen Flachland gesucht werden, und man
war niemals im Zweifel darüber, daß der durch eine schmale Pforte
mit dem Meere in Verbindung stehende Mälarsee und seine nächste
Umgebung schon durch die Natur zum politischen Mittelpunkt bestimmt sei, mochte der Herrschersitz in Sigtuna, Berka, Upsala oder
Stockholm aufgeschlagen werden. In Dänemark lag das Hauptgebiet
immer im nordöstlichen Seeland; die älteren Hauptstädte Lethra und
Roskilde, befanden sich im Hintergrunde des nach N geöffneten
Roskildefjords, Kopenhagen liegt an der günstigsten Stelle, an der
Meeresstraße des Sundes. Aber nicht immer hat die Gunst der Lage
den Ausschlag gegeben. In dem Kernlande des preußischen Staates,
in der Mark Brandenburg, war das politische Zentralgebiet stets die
Gegend an den Havelseen, nahezu gleichweit von der Elbe und der
Ostsee entfernt. Brandenburg war die älteste Hauptstadt, daneben
waren Spandau und Köpenick wichtig als befestigte Flußübergangs-
stellen. Berlin und die benachbarte Fischersiedelung Kölln standen
weit hinter Köpenick zurück, das den ganzen Handelsverkehr über die
Spree beherrschte. Nur durch besondere Vergünstigungen, die Berlin
den Kaufleuten gewährte, zog es den Verkehr an sich und wuchs
dadurch über seinen Rivalen hinaus. Im 14. Jhrdt. war es schon

Haupt des märkischen Städtebundes, Ende des 15. Jhrdts. wurde es dauernd Residenzstadt. Das brachte aber erst dann Förderung, als sich die brandenburgisch-preußische Monarchie, besonders seit dem Regierungsantritt des Großen Kurfürsten, mächtig zu entwickeln begann. Aber die Lage der Havelseengegend wirkte mehr lokal, als weitausgreifend. Aus der Eingabe von G. F. OPPERT an das preußische Ministerium vom 11. März 1837 anläßlich des Eisenbahnprojektes Hamburg—Berlin[1] geht deutlich hervor, daß Berlin damals nur eine untergeordnete Bedeutung im Handel besaß, und daß das binnenländische Zentrum Magdeburg war. Aber nun setzt der große Umschwung ein, der in den folgenden Einwohnerzahlen deutlich zum Ausdrucke kommt:

1700:	26 000
1825:	220 000
1855:	434 000
1905:	2 041 000

Die durchschnittliche jährliche prozentische Zunahme, bezogen auf die mittlere Einwohnerzahl, betrug 1700—1825 1,3, 1825—55 aber 2,2 und 1855—1905 schon 2,6. Diese Zahlen gelten nur für die Gemeinde Berlin ohne die Vororte. Die rasche Steigerung ist zum größten Teil ein Werk der zielbewußten preußischen Eisenbahnpolitik, die Berlin zum Knotenpunkt eines umfassenden Schienennetzes gemacht hat. Außerdem ist Berlin durch den Ausbau der Wasserstraßen und die Anlage von Kanalverbindungen mit der Elbe, Oder und durch diese weiter mit der Weichsel zu einem der größten Binnenhäfen Deutschlands geworden. Bei der Betrachtung der großen Städte betont man viel zu einseitig den Faktor[2] Lage und vergißt den Faktor Mensch, vor allem den Faktor Staat. Eine Veranlassung zur Festlegung der Hauptstadt gibt ihr Wachstum. Wenn sie auch anfänglich von anderen Städten des Landes übertroffen wird, so können doch ihre natürlichen Lebensbedingungen künstlich so gesteigert werden, daß sie bald eine überragende Stellung einnimmt. Berlin ist ein Beispiel davon. Heutzutage kann, wenn nicht eine elementare Katastrophe eintritt, niemand ernstlich daran denken, die Hauptstadt Preußens und des Deutschen Reiches anderswohin zu verlegen, obwohl man schon mehrmals mit diesem Gedanken gespielt hat. Von den 19 Hauptstädten der Groß- und Mittelstaaten Europas sind 15 zugleich die bevölkertsten der betreffenden Staaten, nur Haag, Bern, Rom und Petersburg machen davon noch eine Ausnahme, und auch die beiden

---

[1] Deutsche Rundschau 1911/12, Nr. 22, S. 311.
[2] J. G. KOHL, Die geographische Lage der Hauptstädte Europas, Leipzig 1874.

letztgenannten dürften in nicht zu ferner Zeit an die erste Stelle rücken. In den außereuropäischen Staaten tritt der Gegensatz zwischen Hauptstadt und den übrigen Städten noch greller hervor, mit Ausnahme von Nordamerika, wo sowohl in den Vereinigten Staaten wie in Kanada der Sitz der Regierung grundsätzlich in kleinere Städte verlegt wird. Trotzdem kommt auch hier das Gewicht der Volkszahl zur Geltung; in der Union liegt der politische Schwerpunkt nicht in Washington, sondern in New York, dessen Börse einen ausschlaggebenden Einfluß ausübt.

Die Festlegung der Hauptstadt kann aber auch durch andere Momente bedingt werden. Die Lage und die wirtschaftlichen Verhältnisse stehen obenan, aber manchmal werden sie durch geschichtliche Erinnerungen in den Hintergrund gedrängt. Neapel ist durch seinen Handel und Mailand durch seine Industrie Rom weit überlegen, aber das Herz der Nation hängt an der ewigen Stadt. Griechenland hätte, wenn es nur nüchternen Erwägungen Raum gegeben hätte, seine Hauptstadt sicher nicht nach Athen, sondern an die Westseite verlegt. Da sind Imponderabilien mit im Spiele, die kein Volk von großer Vergangenheit unberücksichtigt lassen darf.

Wenn die Hauptstadt mit Recht der Mittelpunkt des Staates genannt wird, so ist doch die weit verbreitete Ansicht unrichtig, sie müsse auch wirklich in der Mitte des Landes liegen. Das böte auch in der Tat manchen Vorteil; im Kriege gilt die Einnahme der Hauptstadt durch den Feind als ein entscheidender Schlag, und die zentrale Lage wäre in der Regel die geschützteste. Trotzdem ist sie selten. Von den 19 europäischen Hauptstädten sind nur 3 zentral: Madrid, Brüssel und Wien, letzteres auch nur im uneigentlichen Sinne, nämlich nur dann, wenn man Österreich-Ungarn als eine Einheit auffaßt, und nur insofern, als Wien am Treffpunkte der drei morphologischen Hauptbestandteile des Reiches: der Alpen, Böhmens und Ungarns liegt. 7 Hauptstädte sind exzentrisch gelegen: Berlin, Paris, Rom, Haag, Bern, Bukarest und Sofia. Hier ist die physische Struktur von Bedeutung. Italien z. B. kann keine zentrale Hauptstadt haben, sie muß entweder auf der Halbinsel oder in der Po-Ebene liegen. Rom ist fast peripherisch, ebenso wie Haag, aber sie sind nicht Seestädte. Auch wenn wir diese Einschränkung gelten lassen, hat noch immer die Mehrzahl der europäischen Hauptstädte eine peripherische Lage. Auch London muß hierher gerechnet werden, obwohl sie im Hintergrund des Themse-Ästuariums liegt. Zweifel könnten betreffs Konstantinopel obwalten, denn die Randlage bezieht sich nur auf die europäische Türkei, nicht auf den Gesamtstaat. Es liegt hier genau derselbe Fall vor, wie bei Dänemark: erst als Schonen die dänische Herrschaft mit der schwedischen vertauschte, rückte Kopenhagen an den äußersten Rand Dänemarks vor.

Aber trotzdem die Hauptstadt immer der politische Mittelpunkt des Staates ist, ist sie nicht immer sein Schwerpunkt; jedoch, sie dazu zu machen, ist eine überall hervortretende Tendenz. Völlig erreicht ist dieses Ziel nur in Paris; hier ist es durch jahrhundertelange Arbeit in der Tat gelungen, alles Leben, nicht nur das politische, sondern auch das wirtschaftliche und vor allem das geistige Leben so zu konzentrieren, daß für die Provinz wenig mehr übrig bleibt. London hat ein Gegengewicht in dem industriellen und bergmännischen Westen; Berlins unleugbares Konzentrierungsstreben wird durch den Partikularismus der Einzelstaaten, durch die industrielle Übermacht des rheinischen Westens und durch die allgemeine Blüte des geistigen Lebens im Zaume gehalten; Italiens wirtschaftlicher Schwerpunkt liegt nicht in Rom, sondern in Oberitalien; Madrid hat einen scharfen Konkurrenten in Barcelona; in Rußland galt Moskau noch immer als die zweite Hauptstadt und ehrwürdiger als Petersburg. Die Zentralisation nach französischem und die Dezentralisation nach deutschem Muster haben beide unzweifelhafte Vorzüge, aber im großen und ganzen ist doch die letztere der gesündere Zustand.

Schlußwort.

Das ewige Gesetz des Kampfes ums Dasein beherrscht auch das Leben der Staaten und Völker. Unausgesetzt währt dieser Kampf, nur seine Form wechselt: bald friedlicher Wettbewerb, bald kriegerisches Ringen. Aber immer gibt es Sieger und Besiegte, immer entscheidet die Stärke; daran werden alle Träume von ewigem Frieden, alle internationalen Schiedsgerichte nichts ändern. Für jeden Staat hat es von jeher nur ein politisches Ziel gegeben: stark zu werden, Aber die Meinungen schwankten, wie dieses Ziel zu erreichen sei. Die politische Geographie zeigt uns, daß schon in den natürlichen Grundlagen der Staaten, die wir die geographischen Kategorien genannt haben, die Keime der Stärke und Schwäche liegen. Den Beweis liefert die vergleichende Staatenkunde. Hier nur ein Beispiel: Deutschland und Frankreich. Frankreich ist von Natur aus unzweifelhaft günstiger ausgestattet. Schon seine Gestalt ist gedrungener und fester, nirgends dringt fremdes Gebiet keilartig in seinen Körper ein. Mit Ausnahme des NW und der burgundischen Pforte wird es überall von natürlichen

Grenzen umschlossen, nirgends ist die Grenze so offen, wie die zwischen
Deutschland und Rußland. An Größe sind die europäischen Kern-
länder beider Staaten nahezu gleich, aber der französische Kolonialbesitz ist fast dreifach größer als der deutsche. Vor allem ist es aber
die Gunst der Lage, die Frankreich auszeichnet. Deutschland ist
4 Breitengrade weiter nach dem Nordpol verschoben, Dünkirchen
liegt in der Polhöhe von Breslau, Marseille in der Breite von Livorno.
Es liegt auf der Hand, was das klimatisch zu bedeuten hat. Dazu
kommt noch, daß Frankreich den milden atlantischen Seewinden offen
liegt. Die herrliche Isthmuslage zwischen dem Ozean und dem Mittelmeer teilt es nur mit Spanien, Deutschland hat nicht einmal völlig
freien Weg zum atlantischen Weltmeere. Diesen Lagengegensatz haben
wir im gegenwärtigen Weltkriege bitter zu fühlen bekommen. Wie
unendlich günstiger Frankreichs Randlage ist, als Deutschlands Mittellage, wurde schon a. a. O. ausgeführt. Nicht minder günstig ist Frankreichs Haufenstruktur gegenüber Deutschlands Streifenstruktur. Jene
Strukturart hat überhaupt in der Regel das Übergewicht, aber in
Frankreich ist sie besonders glücklich entwickelt. Mit Ausnahme des
Rhonetales nirgends ein Ansatz zur Zellenstruktur, zwischen den
orographischen Haufen überall bequeme Durchgänge, so daß die Flüsse
leicht miteinander in Verbindung gesetzt werden können, und nichts
einer planmäßigen Anlage von Schienensträngen im Wege stand, in
deren Mitte die Hauptstadt wie eine Spinne im Netze sitzt. Und dann
die kompakte völkische Struktur! Keine Lockerung, wie zwischen
Nord- und Süddeutschland, keine konfessionellen Risse, keine Sprünge,
wie sie in einem jungen, noch nicht fest verkitteten Bundesstaate, wie
es das Deutsche Reich ist, nicht fehlen können. Nur eine trübe Stelle
verunstaltet das sonst glänzende Bild: die Stagnation der Bevölkerung,
ein Übel, das an den Wurzeln der staatlichen Macht nagt. Die gesunden Wachstumsverhältnisse Deutschlands erscheinen den Franzosen
als eine beständige Bedrohung, aber nicht minder bedroht ist Deutschland durch das noch schnellere Wachstum seines russischen Nachbars.
Die wirtschaftliche Entwicklung ist im großen und ganzen in Frankreich und Deutschland ziemlich gleichweit gediehen; ist jenes klimatisch
und dadurch landwirtschaftlich bevorzugt, so besitzt dieses beträchtlich
mehr Kohlen, und ist dadurch seine Industrie einer größeren Steigerung
fähig.

Fassen wir unser Urteil zusammen, so müssen wir anerkennen, daß
das französische Staatsgebäude auf einem festeren natürlichen Unter-
grund ruht als das deutsche. Trotzdem hat sich Frankreich in den
Kämpfen mit Deutschland sowohl 1870 wie jetzt als schwächer

erwiesen. Die Ursache muß demnach in dem von Menschenhänden errichteten Oberbau liegen. Das näher zu untersuchen, ist nicht die Aufgabe der politischen Geographie. Es genügt uns, festzustellen — und dies ist ein ungemein tröstliches Ergebnis —, daß auch ein von Natur aus schwächliches staatliches Gebilde durch die Staatskunst stark gemacht werden kann, wie andererseits ein von Natur aus starker Staat durch die Schuld des Menschen geschwächt wird. Brandenburg-Preußen charakterisiert Fürst VON BÜLOW in seinem Werk über die deutsche Politik (Berlin 1916, S. 140) als eine „durchaus künstliche, durch keine natürliche Grenze geschützte, durch keine Stammeseigenart oder lange Überlieferung zusammengehaltene Staatsbildung . . . . . . Sie war in bewegter Zeit und in unruhiger Umgebung nur durch militärische Machtmittel zu behaupten. Das erkannte mit früh geschärftem staatsmännischem Blicke der jugendliche Große Kurfürst . . . . . . Er rettete seinen Staat, den er in seiner Existenz schwer bedroht vorgefunden hatte, dadurch, daß er ihn auf die Wehrkraft stellte". Nicht ohne Grund wollen unsere Feinde den „preußischen Militarismus" zerschmettern: sie würden damit das Rückgrat des Reiches brechen, den zersetzenden Kräften freie Bahn öffnen und könnten dann ohne weiteres Bemühen das deutsche Staatsgebäude dem allmählichen Verfall überlassen.

Das geographische und das legislative Element reichen nicht immer aus, um die Stärkeverhältnisse der Staaten zu erklären. Es kommt noch ein dritter Faktor hinzu: die ursprüngliche Begabung des Volkes, sein ganzer psychischer Habitus oder kurz gesagt die Volksseele. Aber leider läßt sie sich nicht exakt erfassen, wir sehen nur ihre geschichtlichen Wirkungen. Auch sie ist Wandlungen unterworfen, aber manche Charakterzüge scheinen fester Besitz zu sein. Wer denkt dabei nicht an die Schilderung der Gallier von Cäsar und an die der Germanen von Tacitus! Aber jene paßt mehr auf die heutigen Franzosen, als diese auf die heutigen Deutschen, wahrscheinlich deshalb, weil sich auf dem deutschen Boden eine intensivere Mischung vollzogen hat. Jedenfalls läßt sich der völkerpsychologische Gesichtspunkt nur mit großer Zurückhaltung auf die Probleme der modernen Kulturstaaten anwenden.

Noch eine zweite Lehre können wir der politischen Geographie entnehmen, und sie ist besonders von aktuellem Interesse. Das von der russischen Revolution ausgegebene Schlagwort vom annexionslosen Frieden kann, wie alle Schlagworte, keine allgemeine Gültigkeit in Anspruch nehmen. Aber ebensowenig die Meinung, daß jeder siegreiche Krieg mit einer Gebietserweiterung enden müsse. Der Siebenjährige Krieg zwischen Preußen und Österreich schloß mit der Anerkennung des status quo ante. Als bei den Unterhandlungen in Hubertusburg Österreich noch die Grafschaft Glatz für sich retten wollte, entgegnete Preußen, „daß das Suum cuique die natürlichste Grundlage für einen billigen Frieden sei". Noch bekannter sind die Vorgänge bei den Nikolsburger Friedensverhandlungen 1866. König Wilhelm I. forderte die Abtretung von Österreich-Schlesien und eines böhmischen Grenzstriches; Bismarck widersetzte sich diesen Annexionsgelüsten auf das energischste, nicht bloß aus Rücksicht auf die drohende Haltung Frankreichs, sondern mehr noch aus Gründen einer weitausschauenden Politik. „Österreich schwer zu verwunden, dauernde Bitterkeit und Revanchebedürfnis mehr als nötig zu hinterlassen, mußten wir vermeiden, vielmehr uns die Möglichkeit, uns mit dem heutigen Gegner wieder zu befreunden, wahren....".[1] Man weiß, welch gute Früchte diese Mäßigung gezeitigt hat. Aber keineswegs ist sie immer am Platze. Ja, in der Regel wird der Sieger einen greifbaren Gewinn davontragen wollen und sich nicht mit einem Wechsel auf die Zukunft begnügen. Aber auch dann muß man sich stets vor Augen halten, daß nicht jede Erweiterung der Grenze von Segen ist. Wenn die Kategorie der Größe verändert wird, dürfen die anderen geographischen Kategorien nicht darunter leiden. Der ganze Staatskörper muß gehoben werden, womit nicht gesagt sein soll, daß alle Kategorien gewinnen müssen. Zum mindesten muß ein Minus auf der einen Seite durch ein Plus auf der anderen ausgeglichen werden. Ein geographischer Fortschritt kann erzielt werden durch eine Verbesserung der Gestalt, der Grenzen, der Lage und der Struktur. Wenn ein größeres Stück Land angegliedert wird, das nach Bodenbau und Flußanordnung zu dem vorhandenen in keiner Weise paßt, oder die völkische Struktur durch Aufnahme eines Fremdkörpers gestört wird, so ist der Gewinn nur scheinbar. Jeder unverdauliche Bissen rächt sich. Die wirtschaftliche Struktur scheint nicht so empfindlich, und jeder Landzuwachs ein Gewinn zu sein, sofern er nur in irgendeiner Hinsicht die Produktionskraft des Staates vermehrt. Aber als vorherrschend leitender Gesichtspunkt kann dies nicht aufgestellt werden, weil es ebenso zu rücksichtsloser Eroberungssucht führen würde, wie der Länderhunger. Wohl aber darf es als Leitmotiv gelten, daß vom wirtschaftlichen Standpunkt — aber nur von diesem — jede Annexion zu begrüßen ist, die den Staat dem autarkischen

---

[1] Otto Fürst von Bismarck, Gedanken und Erinnerungen, Stuttgart 1898, Bd. II, S. 44.

Ideal näherbringt. Dies gilt für die europäischen Staaten besonders von dem Erwerbe von Kolonien im warmen Erdgürtel, die unserer Industrie Rohstoffe liefern. Aber es muß nochmals betont werden, daß gute Politik immer nur mit dem Hinblick auf das Ganze gemacht werden kann.

Neue politische Gestaltungen, die gelegentlich schon angedeutet wurden, bereiten sich vor. Zwei Bewegungen durchziehen unsere Tage, eine zentrifugale und eine zentripetale. Jene bedroht die Staaten, die entweder an territorialer Zerrissenheit oder an einem Strukturfehler leiden. In Rußland ist die Zersetzung ziemlich weit fortgeschritten, und schon mehren sich die Anzeichen, daß auch das britische Reich davon ergriffen wird. Österreichs Zustand gibt zu manchen Bedenken Anlaß, und dasselbe gilt auch von der Türkei. Andererseits glaubt man schon in der Zukunft Staatenbildungen zu erblicken, die aus dem Zusammenschlusse mehrerer benachbarter Staaten entstehen und bei völliger Selbständigkeit der einzelnen Glieder auf streng föderativer Grundlage, aber in wirtschaftlicher Interessengemeinschaft stehen. Jedenfalls werden der große Weltkrieg und seine Folgeerscheinungen nicht bloß die politische Karte, sondern auch das politische System umgestalten. Eine neue Welt taucht am Horizont empor.

Sachregister.

Praktikum des bürgerlichen Rechts

für Vorgerücktere
zum akademischen Gebrauch und zum Selbststudium
Von
Dr. Rudolf Stammler,
Professor der Rechte an der Universität Halle

Zweite, umgearbeitete Auflage. Mit Figuren

Oktav. Gebunden in Ganzleinen M. 5.—

Geschichte der Erde und des Lebens

Von
Dr. Johannes Walther,
o. ö. Professor der Geologie und Paläontologie
an der Universität Halle

Mit 353 Abbildungen.

Roy.-Oktav. Geheftet M. 14.—, gebunden in Ganzleinen M. 17.—

Ein wissenschaftliches Werk, in künstlerischer Darstellung niedergeschrieben, das ist der Gesamteindruck, den der Leser des Waltherschen Buches empfängt. Kein trockenes Lehrbuch, sondern eine flüssige, von Seite zu Seite, von Kapitel zu Kapitel weitertreibende Schilderung wird hier geboten. Die fesselnden Bilder, die der Verfasser von dem Leben und von den Vorgängen in vorgeschichtlichen Zeiten entworfen hat, lassen uns die Entwicklungsgeschichte unseres Erdballes förmlich miterleben.
„Aus der Natur".

Die völkerrechtliche Lehre des Weltkrieges

von
Walther Schücking,
Professor der Rechte in Marburg

Quartformat. Geheftet M. 9.—, gebunden M. 12.—

Die unermeßliche Literatur über den Weltkrieg hat bisher immer zwei Gesichtspunkte behandelt, die politische Bedeutung des Krieges und die Frage nach der Schuld an seiner Entstehung. In der Erkenntnis, daß dem ungeheuren Kampf um die Macht eine Reaktion zugunsten des Rechts folgen muß, sucht der Verfasser dieses Buches die Ereignisse in das Licht des Rechts zu rücken. Ausgehend von dem Gedanken, daß die Idee des Völkerrechts an sich nicht untergegangen, sieht er dessen wichtigstes Problem in der Kriegsverhütung für die Zukunft. Zu diesem Zwecke untersucht er zum ersten Male in der deutschen Literatur an Hand der Quellen über die diplomatische Vorgeschichte des Krieges, warum die bisherigen Institutionen des Völkerrechts, Schiedsgericht und Vermittlung, im vorliegenden Falle beide versagt haben, und weist nach, welche Schuld an der ganzen Tragödie nicht den Menschen, sondern dem unzureichenden System der internationalen Rechtsmittel zukommt.

Gesamtteuerungszuschlag bis auf weiteres 25 %

Verlag von Veit & Comp. in Leipzig, Marienstraße 18

Die Ukraine

und ihre Beziehungen zum osmanischen Reiche

Von
Oberlehrer Dr. Rudolf Stübe-Leipzig

Groß-Oktav. Geheftet **50 Pf.**

In diesem Heft (Heft 11 der Sammlung: **Länder und Völker der Türkei**) stellt der Verfasser die Geschichte der Ukraine im Zusammenhang der osteuropäischen Kultur- und Staatsentwicklung dar. Es werden zunächst die ethnographischen Verhältnisse Südrußlands dargelegt, deren wechselvolles Bild immer wieder überdeckt wird durch die natürlichen Lebensbedingungen. Die slavische Bevölkerung der Ukraine, die sogenannten Kleinrussen, wird nach ihrem ethnographischen und sprachlichen Wesen als ein den Russen selbständig gegenüberstehendes Volk betrachtet. Sodann gibt der Verfasser eine Skizze der Geschichte der Ukraine, in der die Einflüsse der Nordgermanen auf die Staatsbildung, der Byzantiner auf die Kultur besonders betont werden. Der zweite Teil erörtert die Beziehungen der Ukraine zum osmanischen Reiche. In ihnen stellen sich die letzten politischen Selbständigkeitsbestrebungen der Ukraine dar.

Jedes Heft 50 Pf.

Gesamtteuerungszuschlag bis auf weiteres 25%.

Verlag von Veit & Comp. in Leipzig, Marienstraße 18